世界おどろき探検隊！

動物編

BRITANNICA BOOKS

世界おどろき探検隊！ 動物編

おとなも知らない400のワイルドな事実を追え！

ジュリー・ビアー 文

アンディ・スミス 絵　谷岡美佐子 訳

実務教育出版

もくじ

ほえて、飛んで、うごめく

おどろきの世界へようこそ！

準備はととのったかな？

ととのったら、動物にまつわる「おどろきの事実」の探検に出発だ！
羽のある動物、うろこだらけの動物、気味わるい動物、かわいい動物、あぶない動物、いろいろいるぞ～。たとえば…

アリには耳がないって知ってた？　足で振動を感じとって、「音」を聞いているんだ。

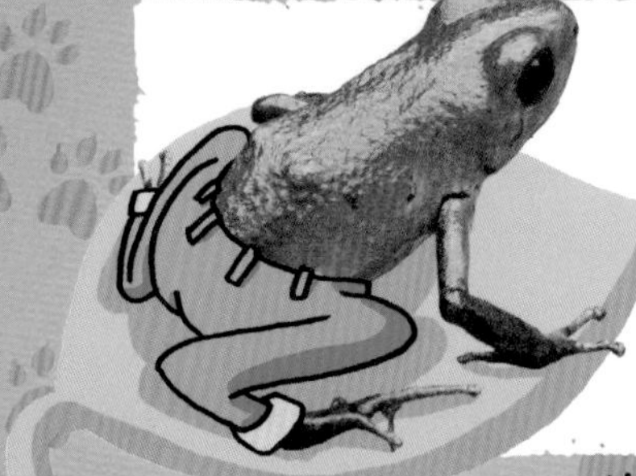

足といえば、イチゴヤドクガエル。イチゴみたいに真っ赤なんだけれど、足だけはあざやかな青だから、「ブルージーンズ」ガエルとも呼ばれているんだ。

青といえば、トナカイの目。トナカイの目の色って季節によって変わるんだ。夏は金色なのに、冬になると深い青に変わる！

ブルッ、冬の寒さはきびしいね！
ホッキョクギツネは冬のあいだ、
もふもふしたしっぽを体にまきつけて
暖かく過ごすんだ。
これって動物のすばらしい
生き残り作戦だよね。

もう気づいたかもしれないけれど、この本には「しかけ」がある。
ひとつの事実から次の事実へと、思いもしない楽しい形でつながっているんだ。

これからはじまる探検では、深い海、しゃく熱の砂漠、広大な草原で暮らす動物、それから、大むかしの地球をかっ歩していた獣たちにも会える。さあ、ページをめくって、なにが発見できるか探してみよう！

この本は、ひとつの事実から次の事実へとつながっていくけれど、探検の道はひとつだけじゃない、ページを進んでいくと、ところどころに分かれ道があって、前にもどったりずっと先に飛んだりして、全然ちがうところ（でも、つながっているところ）に行くことだってできるんだ。

きみの好奇心のおもむくまま、ページをめくって探検していこう。
もちろん、ひとまずここからページ順に探検していくのだってぜんぜんありだ……

たとえば、動物のすごい足について

知りたければ、寄り道していいんだ

184ページへ

生まれたてのアフリカゾウの赤ちゃん。メスの体重はどれくらいかというと…

ゾウといえば…

…人間の赤ちゃん33人をあわせたくらいの重さになるんだ。

アフリカゾウは「タスカー」とも呼ばれるけれど、それは、
牙（タスク）が地面につくほど長くなることにちなんだものなんだ

ゾウだって

鼻を鳴らす

耳をすましてみよう

コップ33杯分の水を一度に吸い上げることができる。

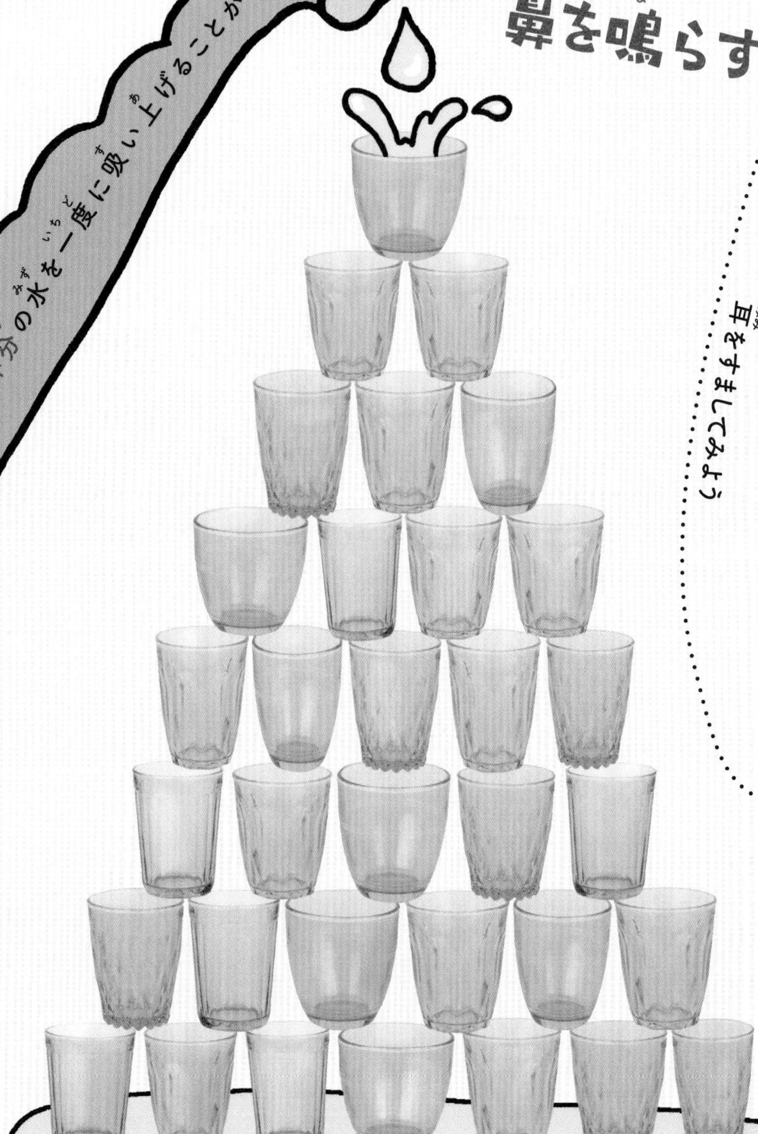

ワニはときどき、コンコンという咳のような声を出すらしい。

セイウチの
「ピィ〜〜」っていう
鳴き声は、
人間の口笛に
そっくりなんだ。
口笛ってふける?

危険を感じると、
アコーディオンみたいに
からだを縮めて、
からだの横側にある穴から
口笛のような高い音を出す
イモムシがいる。

深海魚のハダカイワシは、
からだの表面に光を発する器官がある。
だから、暗闇で光る。

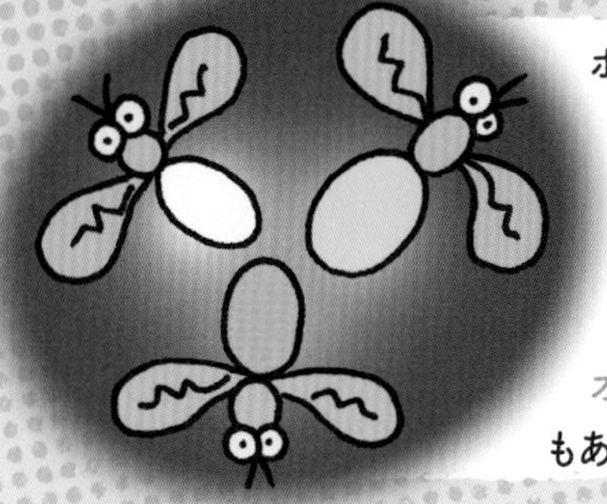

ホタルの光
って何色？
黄緑色
のほか、
黄色や
オレンジ色
もあるんだ。

全長が3m近くも
ある巨大なカメの
甲羅の化石が
発見された。
戦うための
角状の突起が、
首の近くに
ついていたんだって！

アオウミガメの
名前の由来って
知ってる？
からだの
中にある
脂肪が
緑色っぽいから
つけられたんだ。

マダガスカルに住む
コビトキツネザルは、
冬になると
冬眠のために
脂肪を
しっぽに
たっぷり
たくわえる。

ガラガラヘビのしっぽの先の物質は、
動物のひづめや角、ヒトの髪の毛をつくって
いる「ケラチン」というタンパク質。

500万年ほど前、現在のアメリカ
のフロリダ州に生息していた
シカのような動物には、
Y字型の角が鼻の先についていた
（現在は絶滅している）。

オポッサムは、敵から攻撃されると、
舌をだして嫌なにおいを放って、
死んだふりまでするんだって！

ジェンツーペンギンは、オレンジ色の
舌をしているんだけど、その舌には
針みたいな突起がついている。だから、
魚をとらえて丸のみできるんだ。

敵に出くわすと、
スイカのにおいで
撃退するのは、
フード付きウミウシ！
（ちょっと変わった
名前だね…）

タコのなかまのアオイガイは、カイダコとも
呼ばれ、メスにだけ貝殻がついている。
貝殻は、うでから出た石灰質でできて
いて、貝殻のなかでたまごを育てる。
メスの全長は、オスよりずっと大きい。

ウミウシって、殻はな
いけれど巻貝のなかま。
たまごは、リボンや
うず巻きのような形で、
一度に200万も産む
ことがあるんだ。

カバ、マナティ、ヘラジカなど
一部の動物の鼻の穴は、
水中にもぐると
自動的に閉じるんだって。

鳥の鳴き声がする！

水中を歩く鳥が
いるっていうこと、
知ってる？
たとえば
カワガラスは、
昆虫をさがして、
よく川底を
歩き回っているんだ。

108ページへ

いまから1億年前には、なんと
鳥にも歯があった!

歯について

いま世界にいる鳥類
およそ1万400種のうち、
およそ6200種が
スズメのなかま
だって知ってる?

世界でいちばん
大きな声で鳴く鳥は、
オスのスズドリ。
ロックコンサートの
スピーカーから出る音と
同じくらいの大きさで、
とにかくうるさいんだ。
そして、オスのからだは
まっ白なんだけれど、
くちばしからは黒い
「肉垂」と呼ばれる皮ふが
ぶら下がっているんだ……

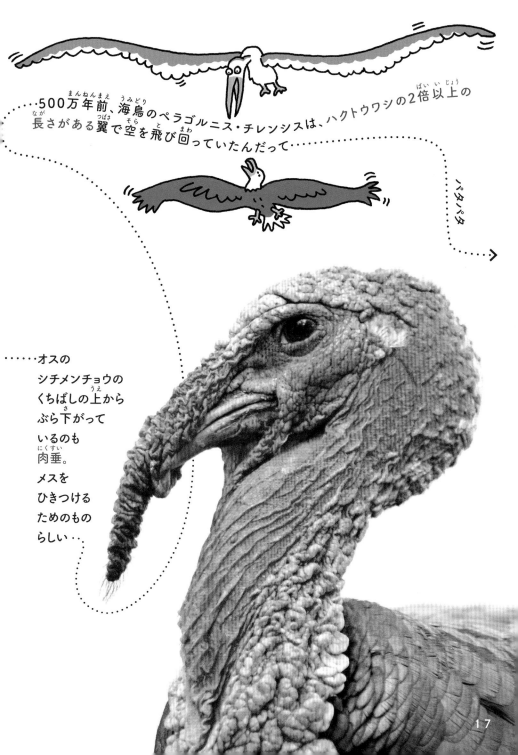

500万年前、海鳥のペラゴルニス・チレンシスは、ハクトウワシの2倍以上の長さがある翼で空を飛び回っていたんだって

オスのシチメンチョウのくちばしの上からぶら下がっているのも肉垂。メスをひきつけるためのものらしい…

オオカバマダラ
の
羽は、
13度以上にならないと
暖まらず、
飛べない
らしい。

羽がないのに、空を飛ぶ動物たち!?

……「空飛ぶキツネザル」と
呼ばれているヒヨケザル。
でも、本当は飛べないし、
キツネザルでもない。
手と足の間にある皮膜を
ウイングスーツ
みたいに張って、
木の枝から枝へと滑空し、
エサとなる木の葉や
果実をさがして
いるんだ……

……木と木のあいだを滑空
するムササビのなかで、
いちばん大きいものは、
イエネコくらいの
大きさになる……

……トビウオは、翼のような胸びれと腹びれ、フォークのような尾びれを使ってグライダー

190ページへ

ゲ〜コゲ〜コ

夜になると森の中を滑空する
フクロモモンガ。
飛び立つ前に頭をひょいっと
下げることで、距離と高さを
判断しているんだって…

夜型は集まれ〜

東南アジアには、
ワラストビガエルという
滑空するアオガエルがいる。
指のあいだの水かきは、
滑空するのに役立ち、
指先の吸盤は、着地の
ショックをやわらげる…

みたいに水面近くを滑空する。バス15台分の長さを「飛ぶ」のもいる！…

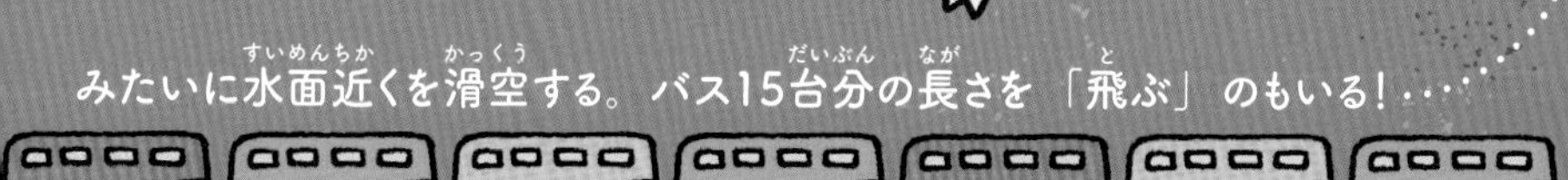

122ページへ

イケてる足

スカンクはくさいにおいを吹きかけるまえに、前足を踏みならして警告する。

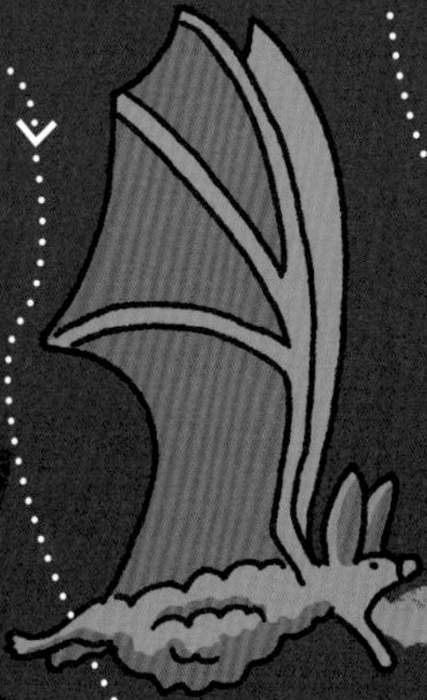

トビイロホオヒゲコウモリは、ひと晩で昆虫を3000匹も食べる！

フクロウの耳は、左右で位置がずれている。そのおかげで、夜でも獲物がどこにいるのかが正確にわかるんだ。

サソリのからだに紫外線を当てると、青緑色に光る！
夜、懐中電灯でクモを照らすと、目が緑色に光る
瞳にとつげき

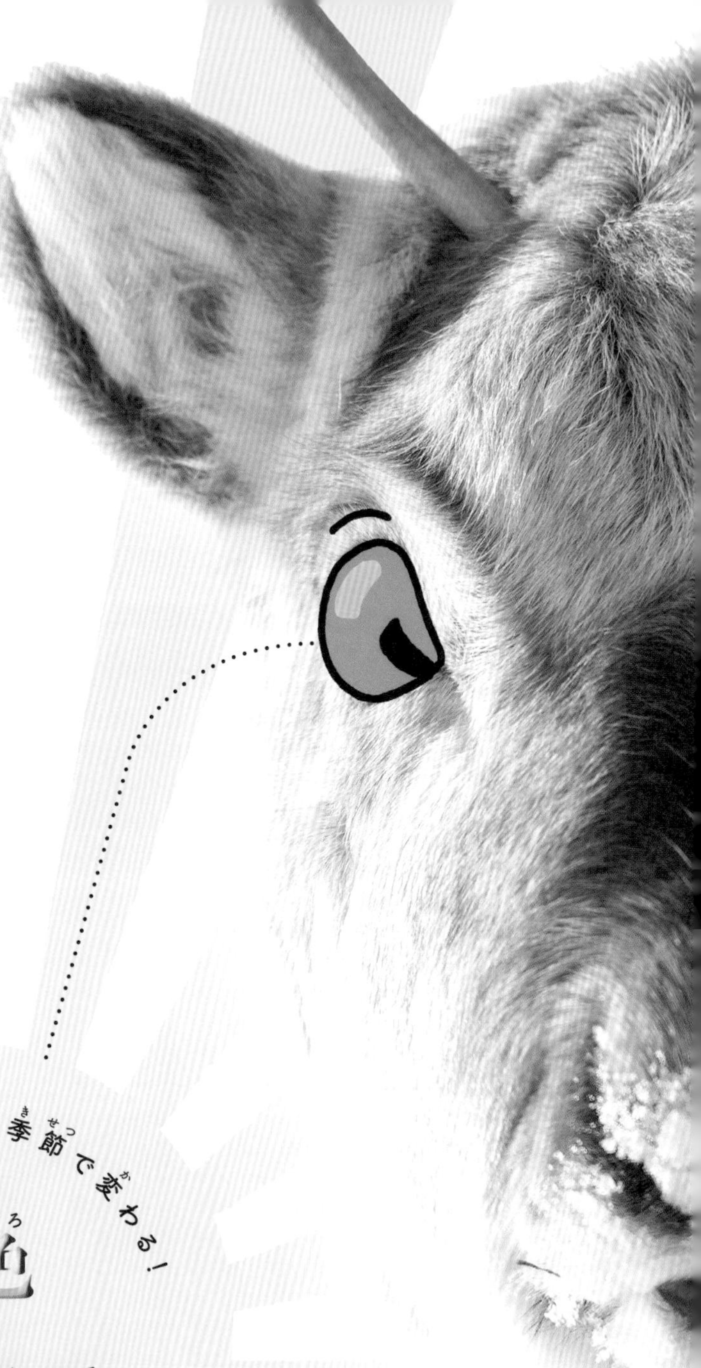

トナカイの目の色は季節で変わる!

夏は

金色

冬は

深い青色。

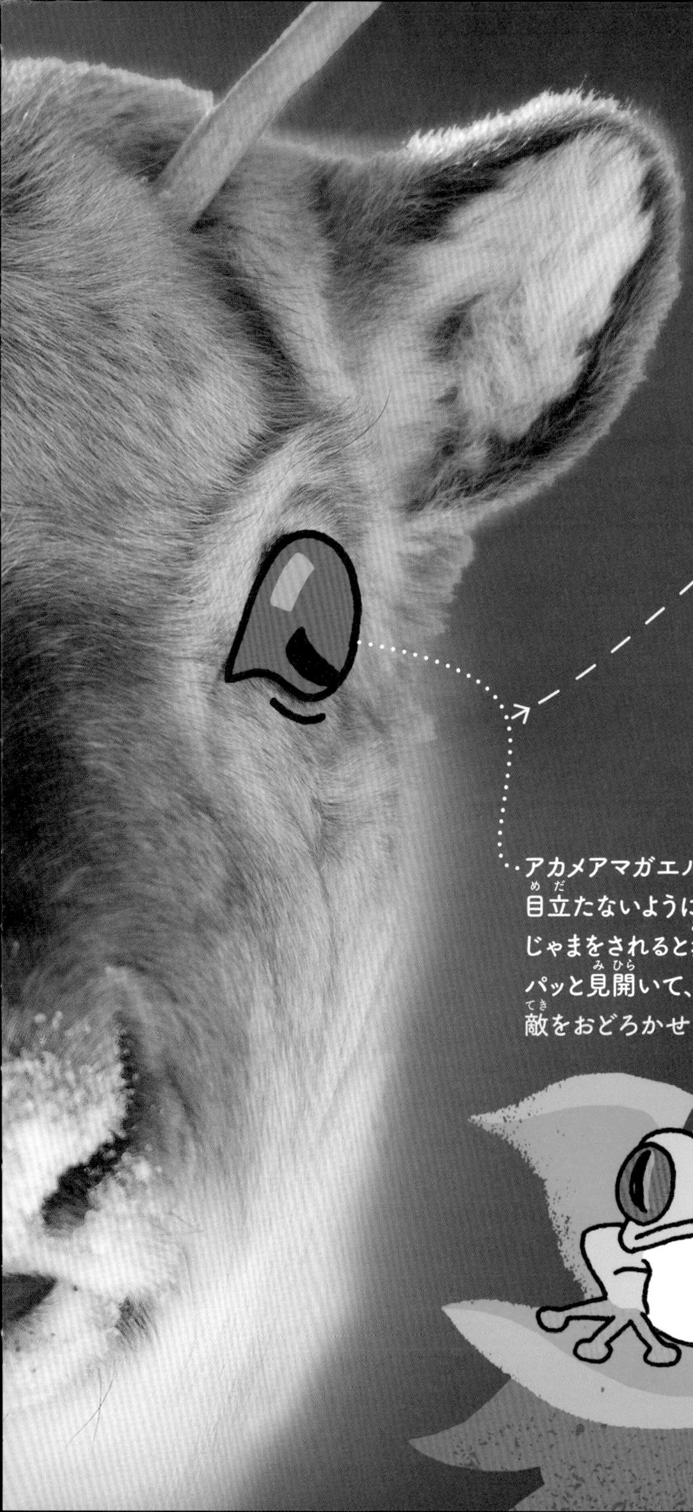

42ページへ

クールな色

こっち見るな！

アカメアマガエルは、緑の葉の上で目立たないようにして眠るんだけど、じゃまをされると赤い大きな目をパッと見開いて、敵をおどろかせるんだ……

ホホジロザメは、完全に水面からジャンプして
獲物をとらえることができる。

海のギャングともいえるシャチ。自分たちの縄張りから
ホホジロザメを追い出すことだってあるんだ。

ユキヒョウの
ジャンプの距離は
すごい！
なんと、
スマトラサイ
4頭分の長さ。

キリンの
首の骨の数は、
ヒトの
首の骨の数と
同じで
7つあるんだ！

化石化した
恐竜の骨は、
くさいかもしれない。

シロサイと
クロサイの色。
じつは、
どちらも同じ
グレー！

アオアシカツオドリは
求愛ダンスをする。
オスは、メスの気を
引くために、
あざやかな
青色の足を
高く上げて
メスに見せつけるんだ。

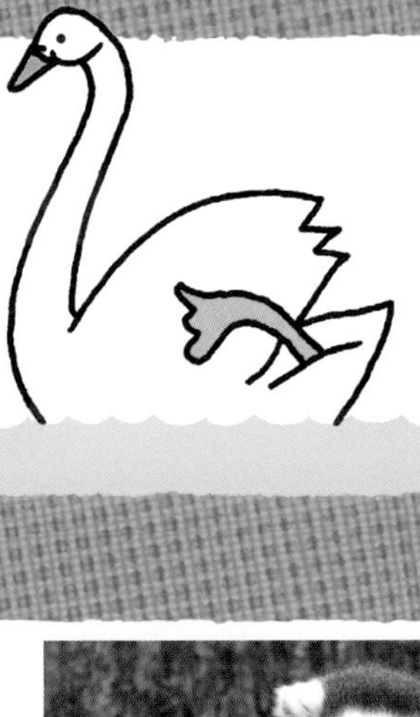

片足を
後ろの羽に
しまい込んで泳ぐ
ハクチョウも
いるって知ってる？

首の後ろに
ラクダと同じ
ようなコブが
ある動物は、
キリン！

アフリカの島国、
マダガスカルにすむ
ワオキツネザルの
オスは、
手首からくさい
においを出し、
それをしっぽに
こすりつけ、
空中でふって
仲間を引きつける。

島の生活

ニュージーランドには、人口1人あたりおよそ5匹のヒツジがいるんだって……

……ハワイのアザラシ「モンクシール」。ハワイ語では
「イリオ・ホロ・イ・カ・ウアウア」で、
意味は「荒波を走る犬」
なんだって……

106ページへ
ヒツジやヤギなら…

ガラパゴス諸島の
ウミイグアナは、
海から摂取したよぶんな塩を
くしゃみで外に出す。
頭の上にたまった塩が、
白いカツラみたいに
見えるんだ

トカゲを探しにいこう

コモドオオトカゲは、世界最大のトカゲ。冷蔵庫よりも重い!

中央アメリカにすむバシリスクは、忍者みたいなトカゲ。昆虫をつかまえたり敵から

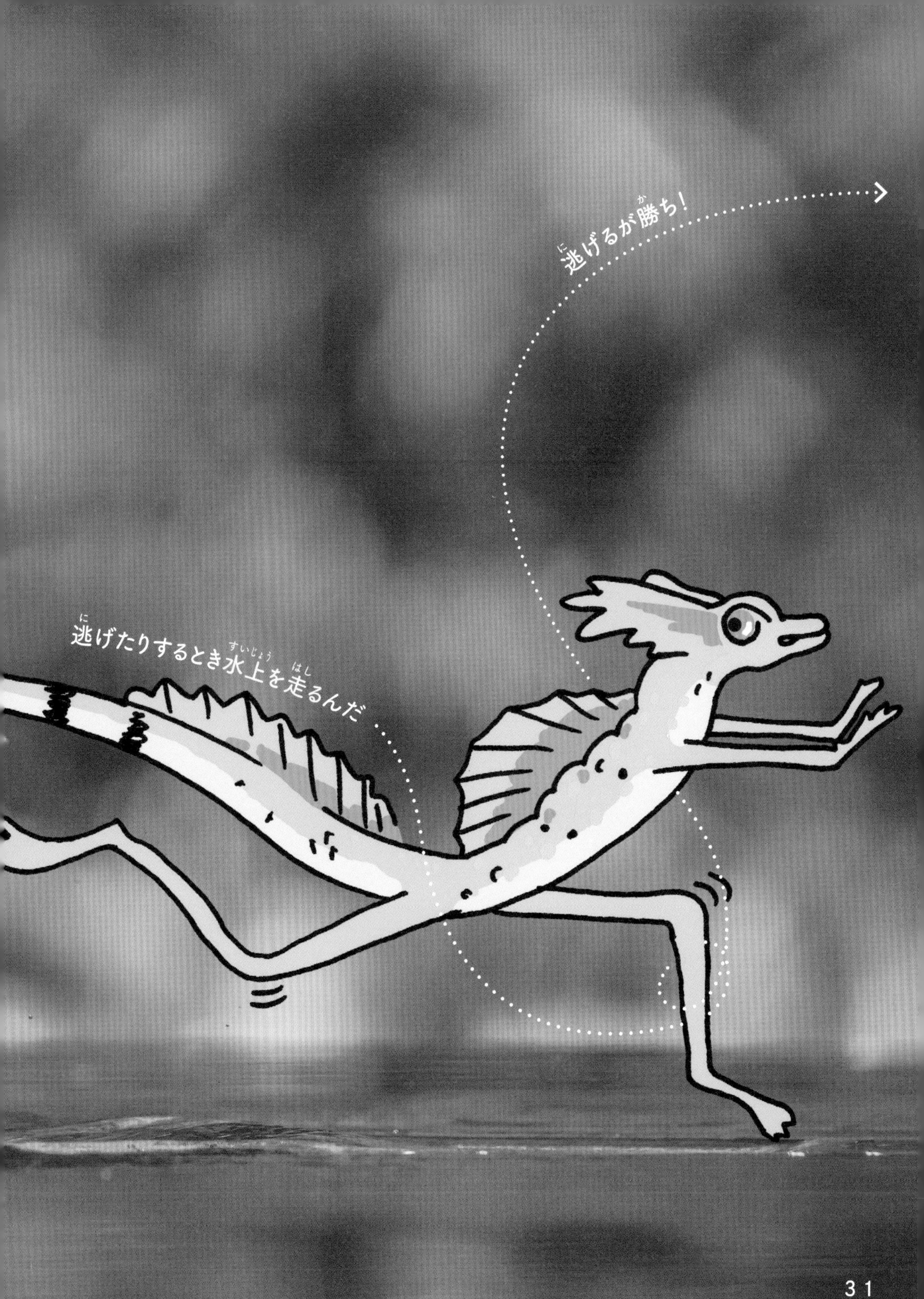
逃げたりするとき水上を走るんだ
逃げるが勝ち！

…ドイツの動物園で一羽のペンギンが逃げ出したんだけど、
まちがってライオンのすむ場所に入ってしまった。
幸運なことにライオンはみんな眠っていたので、
飼育係は魚を地面に置いてペンギンを安全な場所へとみちびいた…

74ページへ

眠り

フラミンゴは片足で立ったまま眠る

ミーアキャットは、
重なって眠る

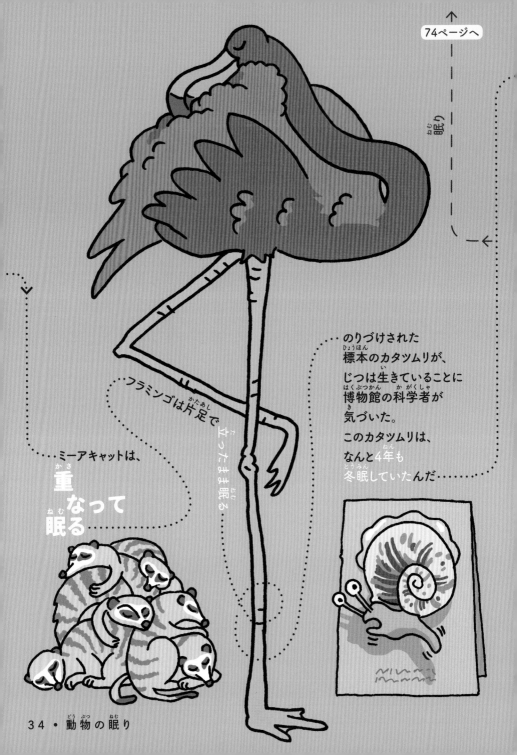

のりづけされた
標本のカタツムリが、
じつは生きていることに
博物館の科学者が
気づいた。
このカタツムリは、
なんと4年も
冬眠していたんだ

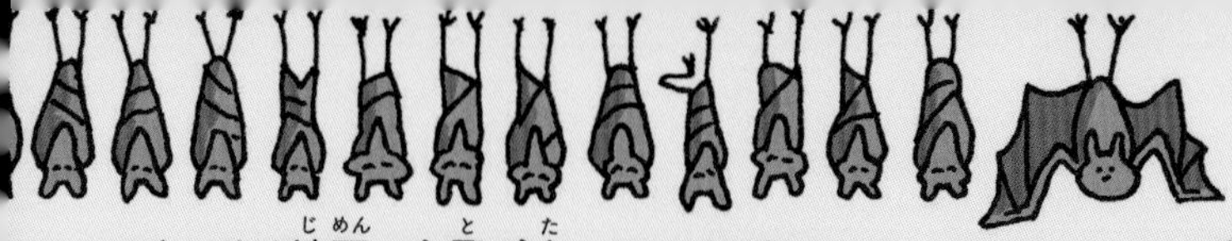

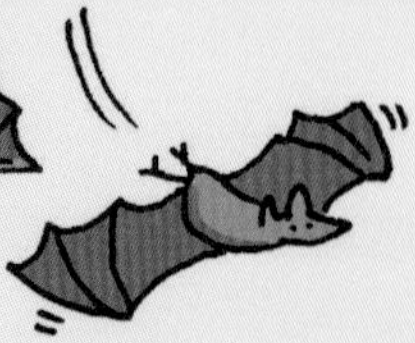

……コウモリは地面から飛び立つことができない。
だから、コウモリはほとんど、
すぐ飛べるように逆さまにぶらさがったまま眠るんだ…

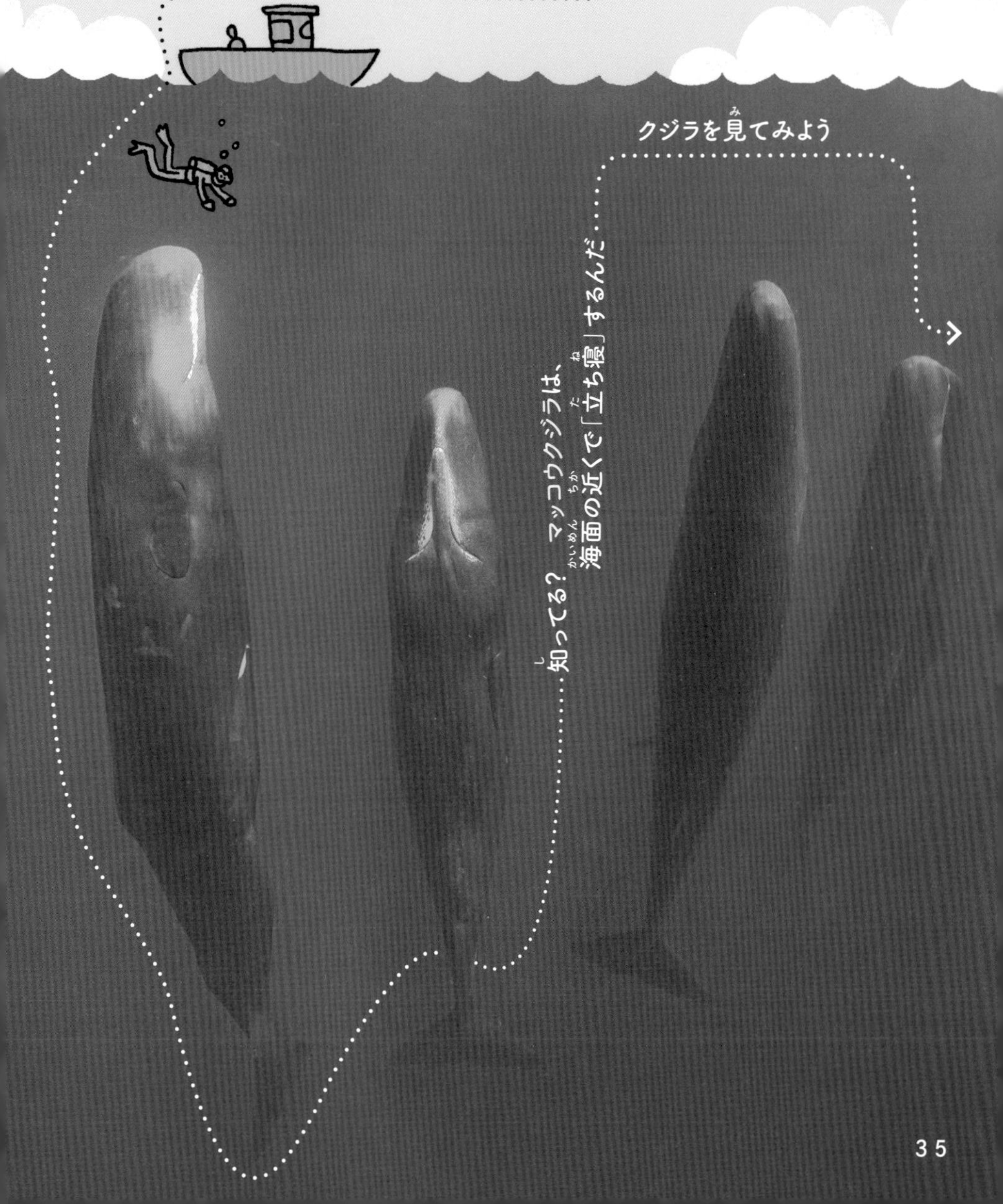

知ってる？　マッコウクジラは、
海面の近くで「立ち寝」するんだ

クジラを見てみよう

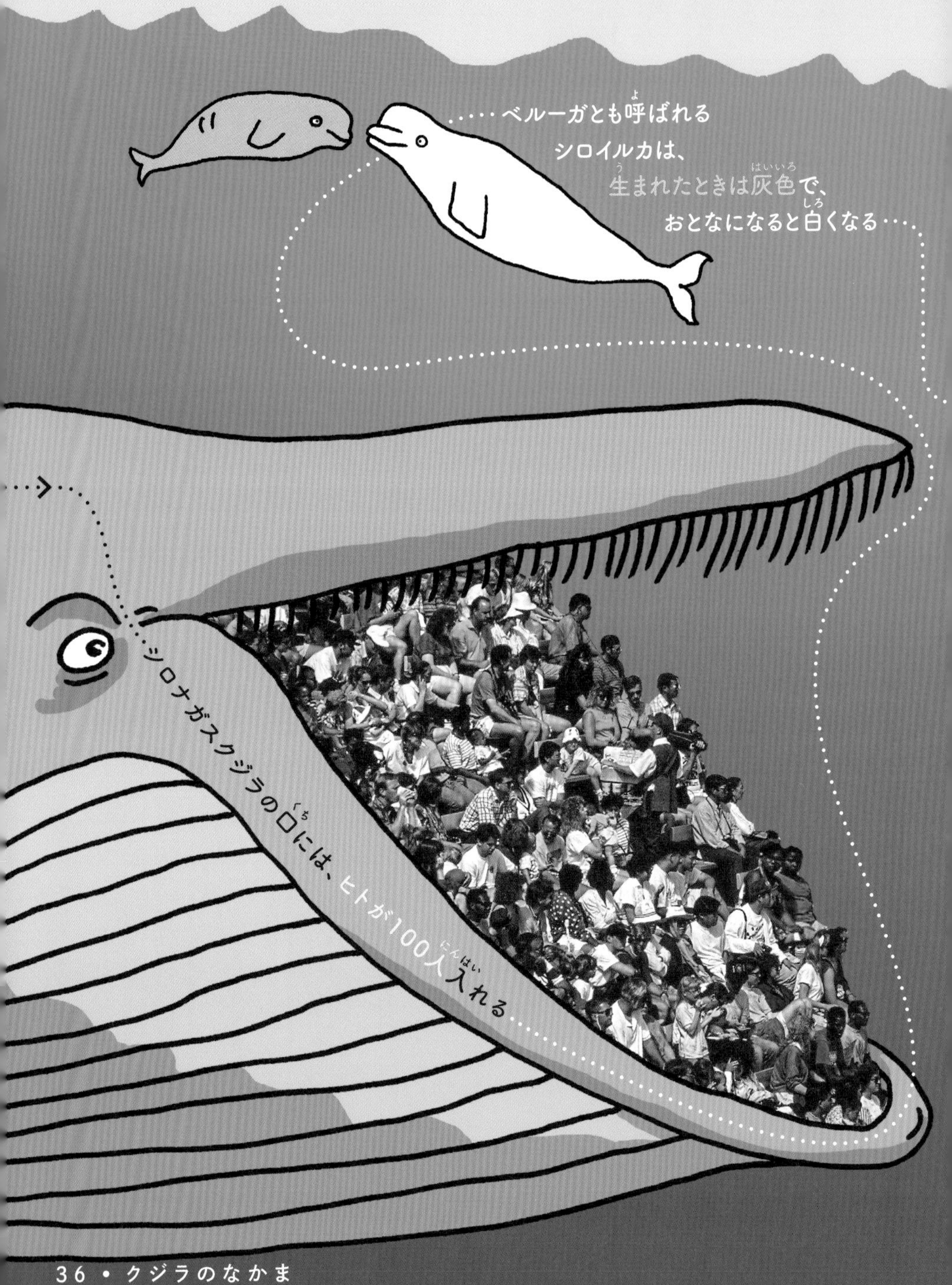
ベルーガとも呼ばれる
シロイルカは、
生まれたときは灰色で、
おとなになると白くなる
シロナガスクジラの口には、ヒトが100人入れる

8ページへ

クジラも日焼けする！

元気な赤ちゃん

ザトウクジラの赤ちゃんはお母さんにひそひそ話をする。

おなかすいた？

シロナガスクジラが一日に食べるエサの重さは、カップケーキ3万2000個分にもなる！

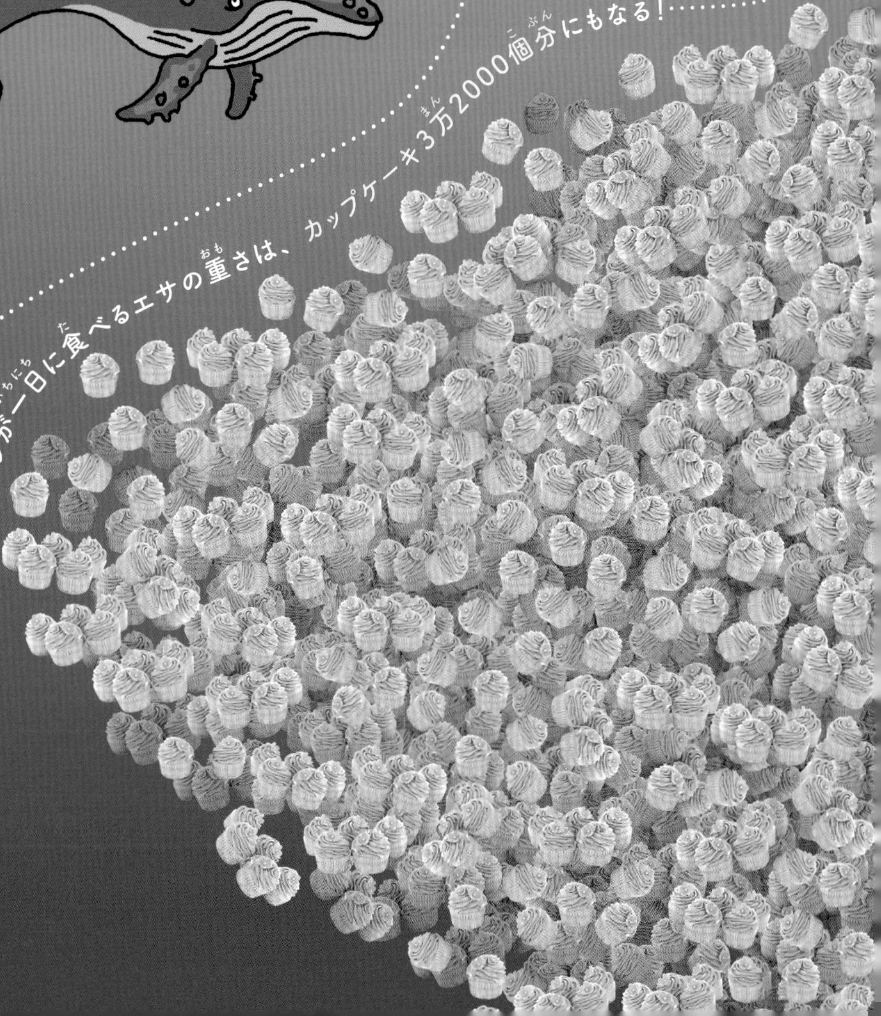

タマゴヘビはたまごを
丸のみしたあと、
背骨の突起でたまごを割って
中身だけ取り出し、
殻は口から吐き出すぞ！

カモノハシには歯がない。
いっしょにすくい上げた小石で
食べものを砕くんだ。

ミミズみたいな両生類のアシナシイモリ。お母さんは自分の皮ふを赤ちゃんに食べさせるんだって……

32ページへ

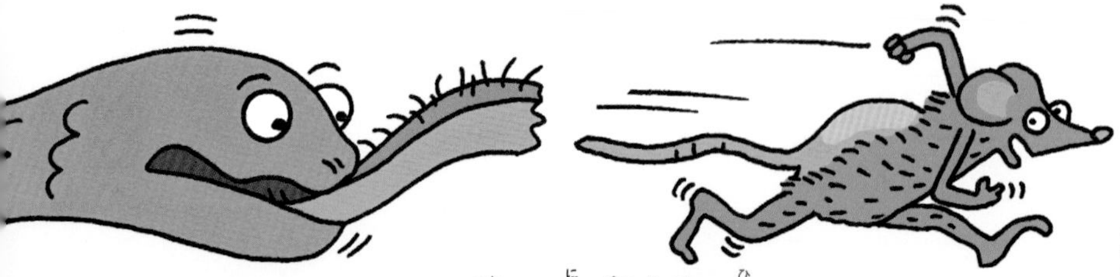

逃げろ～

アフリカトゲネズミは、敵から逃げるために皮ふを脱ぎ捨てる。でも、そのあと皮ふはまた再生する

タコは皮ふで**光を感知**することができる

ユキヒョウの皮ふには、毛皮と同じような模様がある

かんぺきな模様

136ページへ

カメレオンは、皮ふの色を変えることで、
体を温めたり冷やしたり
しているんだ

色とりどり

肺がないので、
肺のかわりに
皮ふだけで
呼吸する
サンショウウオがいるんだって

遺伝子の
突然変異で、
ペンギンが
白くなったり
黄色くなったり
することが
あるんだって。

120ページへ

まぼろしの生き物ツチノコに似ているともいわれるアオジタトカゲは、あざやかな青い舌で敵をおどかす……

植物をもう少し〜

東南アジアに生息するハナカマキリは、ランの花によく似ていることから「ランハナカマキリ」とも呼ばれる。花だと思って寄ってくる虫たちを食べてしまう……

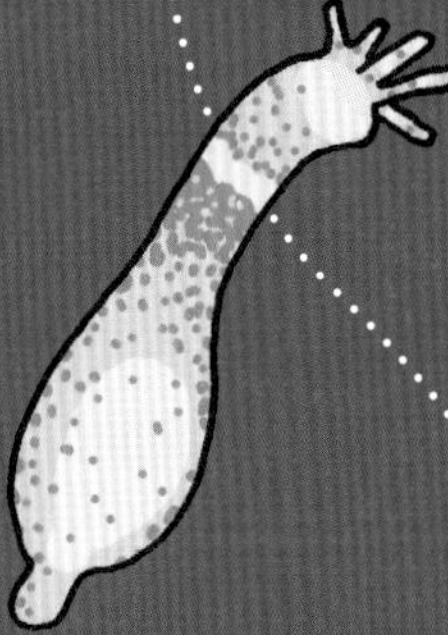

ミミズのような海の生き物、ホシムシの血は紫色！……

ジャイアントパンダはクマのなかま

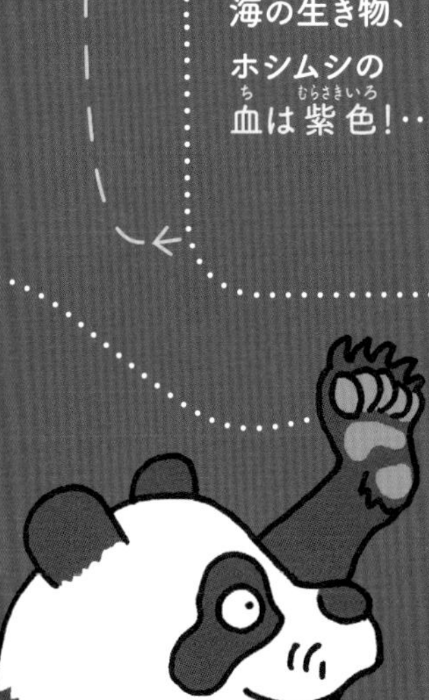

ジャイアントパンダの目のまわりには、形や大きさのちがう黒いもようがある。この黒いもようによってお互いを見分けていると、科学者たちは考えている……

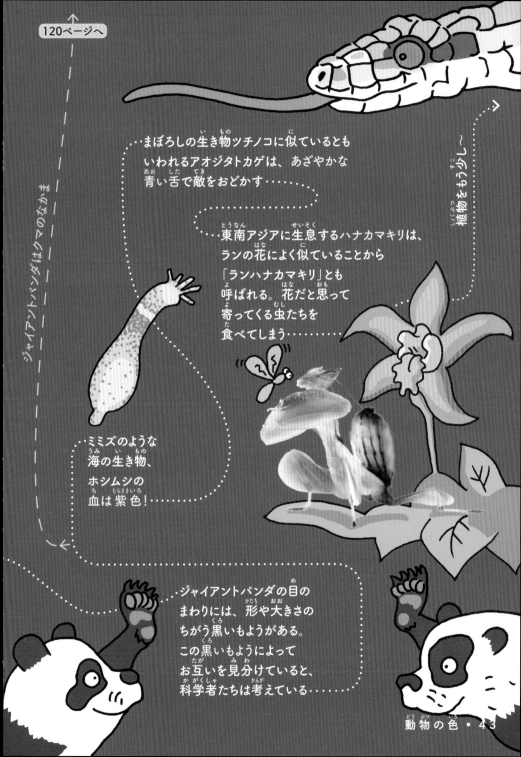

虫を栄養分とする
食虫植物の
なかには、
小動物の
トイレとして
進化した
ものもある。
ネズミに似た
ツパイが
ここに来ると、
便器の形をした
植物にまたがって
ミツを食べながら
ウンチをする。それが、
大切な栄養分に
なるんだ……

メスのミツバチそっくりに
進化した、ハチランという花。
メスのミツバチに見えるから
受粉に必要なオスのミツバチ
が引き寄せられるんだ……

スゴイ昆虫たち →

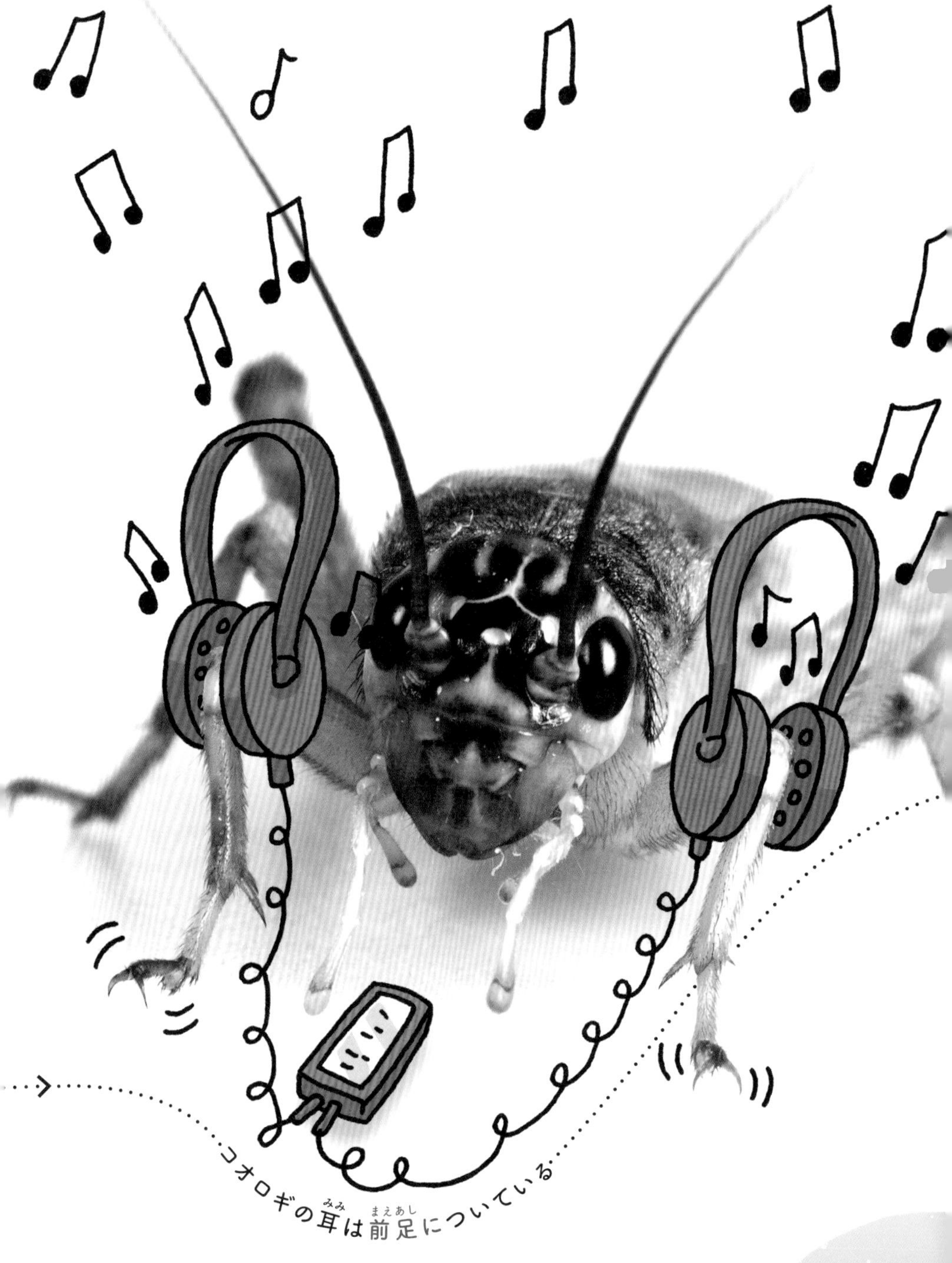

コオロギの耳（みみ）は前足（まえあし）についている

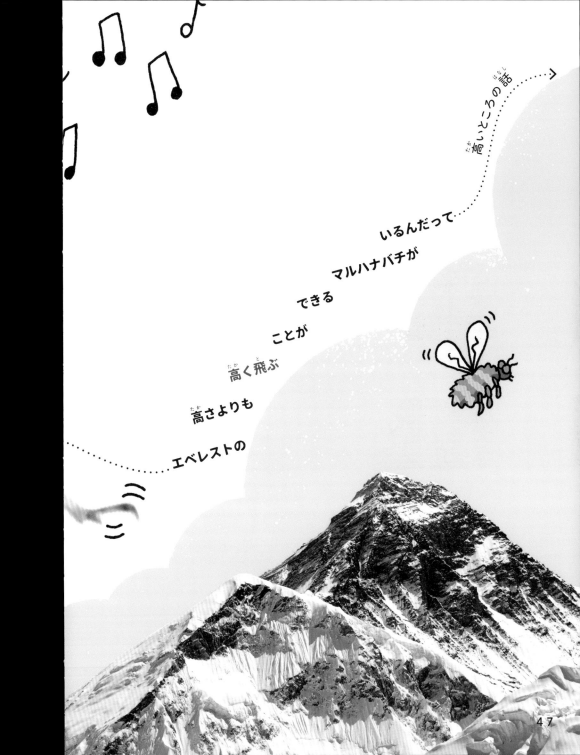

エベレストの
高さよりも
高く飛ぶ
ことが
できる
マルハナバチが
いるんだって

キジリオオミミマウスという
ネズミのすみかは、
世界中のどの
ほ乳類よりも高いところにある。
標高6739mの火山の
山頂だ……

空気が薄いヒマラヤにすむ
ヤクの肺はビッグサイズ。
ふつうのウシの3倍の
空気を吸い込むことが
できるんだって……

げっし類に会おう！
160ページへ

「雪男」のものと思われる髪の毛、フン、
骨を科学者たちが調べた結果、
ヒマラヤにすむヒグマとツキノワグマ、
そしてイヌのものということがわかった

アジアの山林にすむレッサーパンダは、足首がとてもやわらかいので、逆さまになって木からおりることができる！

チベット高原の
ヘビのなかには、
温泉の近くで生活して
冬山の寒さをしのぐ
ものもいるんだ。

低いところへ行こう

ブロブフィッシュという
魚には筋肉がなく、
水面にいるとぶよぶよした
ピンク色のグロテスクな
かたまりに見える。
でも、水圧の高い深海では
ふつうに泳ぐ魚に見える……

深海にくらす
チューブ状の生き物、
ガラパゴスハオリムシ
は、熱水と毒ガスが
吹きだすところに
すんでいて、
毒ガスをエサに
生きている……

134ページへ

ぎょぎょっとする魚

海のもっとも深いところにすんでいるアンコウ。
アンコウのメスは、
口の上にある、
先が光る棒型の突起で、
獲物をおびき寄せるんだ

海底にふりそそぐフンや砂、プランクトンの死がいなどは、雪が降っているように見えることから、マリンスノーと呼ばれている

雪ふれ〜

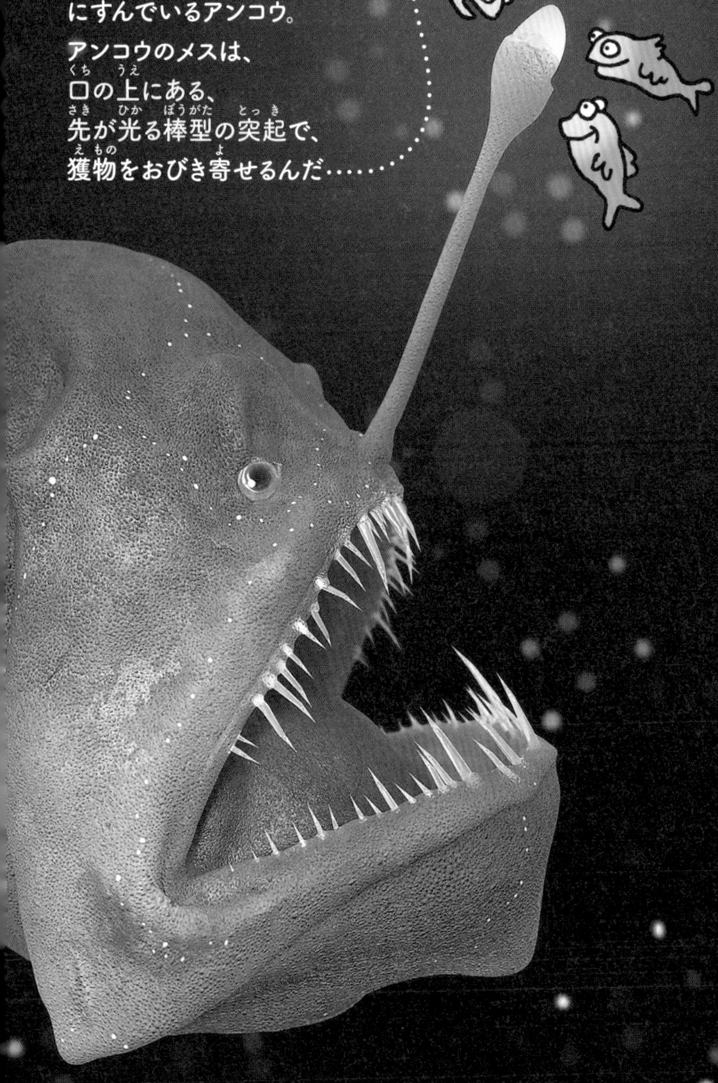

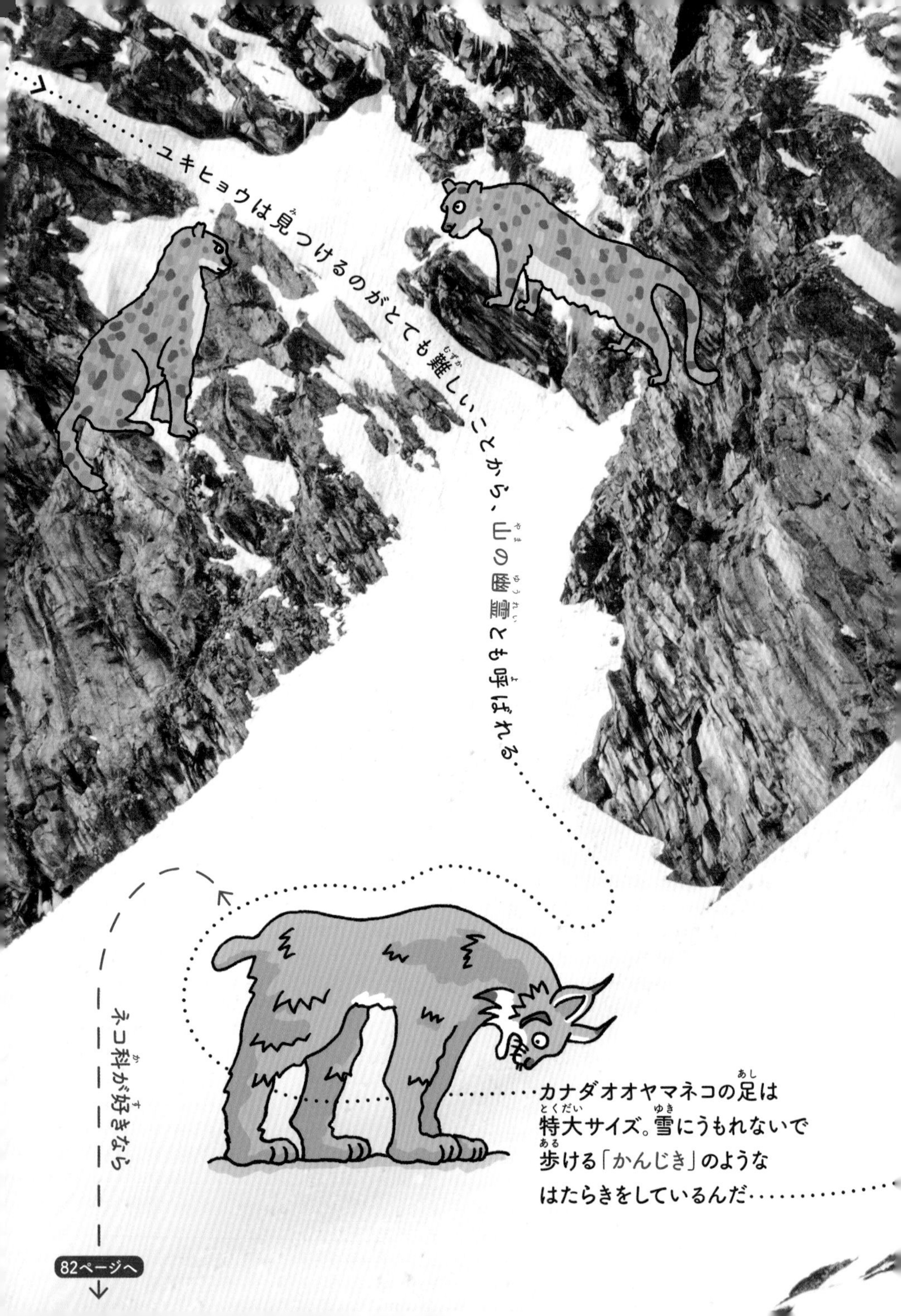

ユキヒョウは見つけるのがとても難しいことから、山の幽霊とも呼ばれる

カナダオオヤマネコの足は特大サイズ。雪にうもれないで歩ける「かんじき」のようなはたらきをしているんだ

ネコ科が好きなら
82ページへ

サルに囲まれて
ニホンザルの子どもは雪玉で遊ぶんだって!

テングザルのオスの

大きい鼻

は、敵を追い払うとき
声を大きく響かせるのに役立っている……

114ページへ
イカした鼻

中米や南米に
すんでいる
絶滅寸前の
クモザルは、
はなれていた相手と
再会すると、
しっぽを巻きつけて
ハグをする

しっぽって便利だね！

魚（さかな）をとるために、ジャガーは

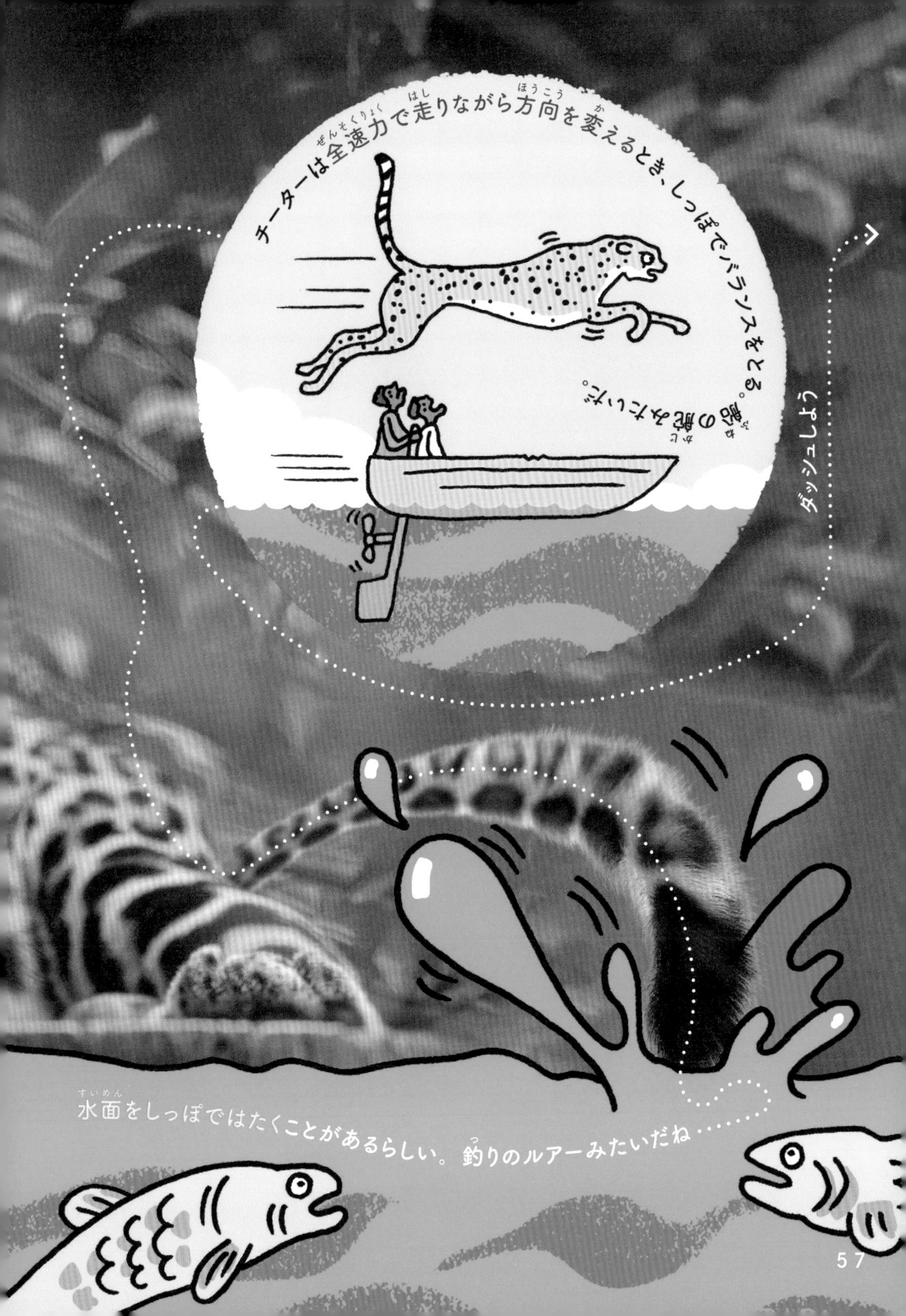
チーターは全速力で走りながら方向を変えるとき、しっぽでバランスをとる。船の舵みたいだ。
ダッシュしよう
水面をしっぽではたくことがあるらしい。釣りのルアーみたいだね

トンボは、
世界でいちばん速く飛ぶ昆虫
で、95％の確率で獲物をとらえるんだ

バショウカジキの水中スピードは、
高速道路を走る車と同じぐらい速いんだ

脈がいちばん速い
ほ乳類は、トガリネズミで、
1分間に1200回。
ヒトが安静にしている
ときのおよそ
15倍にも
なる！

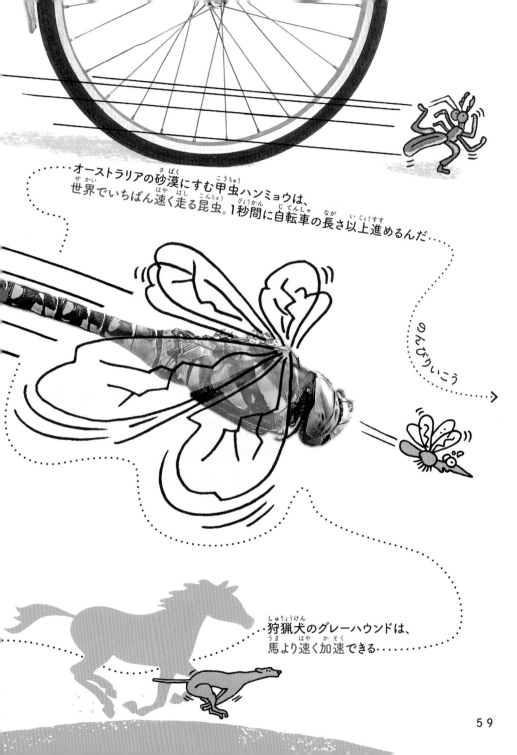

オーストラリアの砂漠にすむ甲虫ハンミョウは、
世界でいちばん速く走る昆虫。1秒間に自転車の長さ以上進めるんだ

のんびりいこう

狩猟犬のグレーハウンドは、
馬より速く加速できる

ナマケモノは、食べものを消化するのに1か月かかることがあるらしい

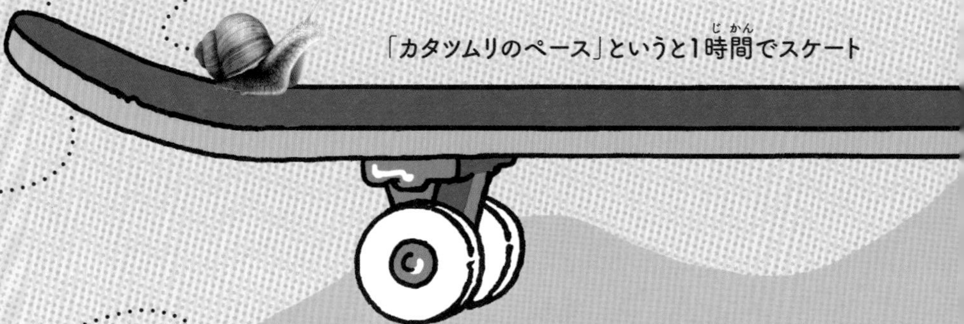

「カタツムリのペース」というと1時間でスケート

ヒトデの一種、ヒマワリヒトデは管足が1万5000本もあるのに、1分間でギター1本分の長さくらいしか進めない

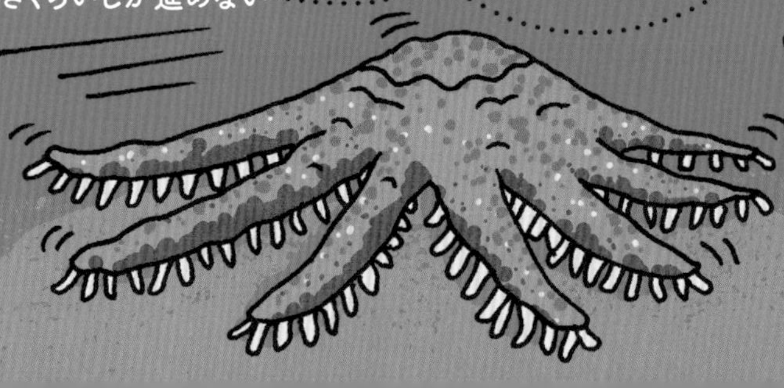

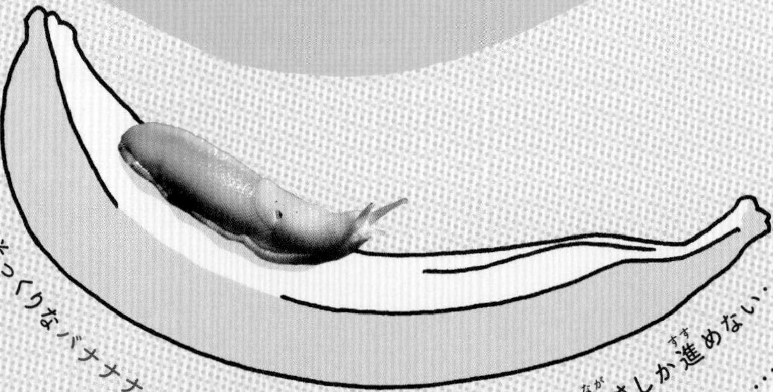

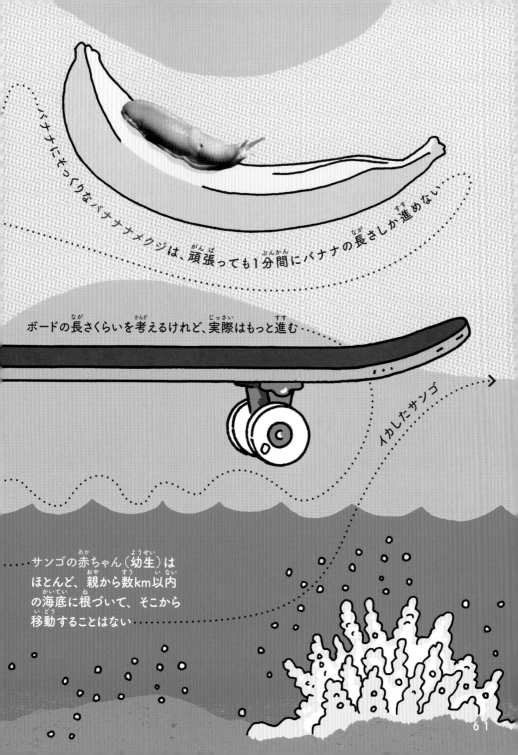

バナナにそっくりなバナナナメクジは、頑張っても1分間にバナナの長さしか進めない

ボードの長さくらいを考えるけれど、実際はもっと進む…

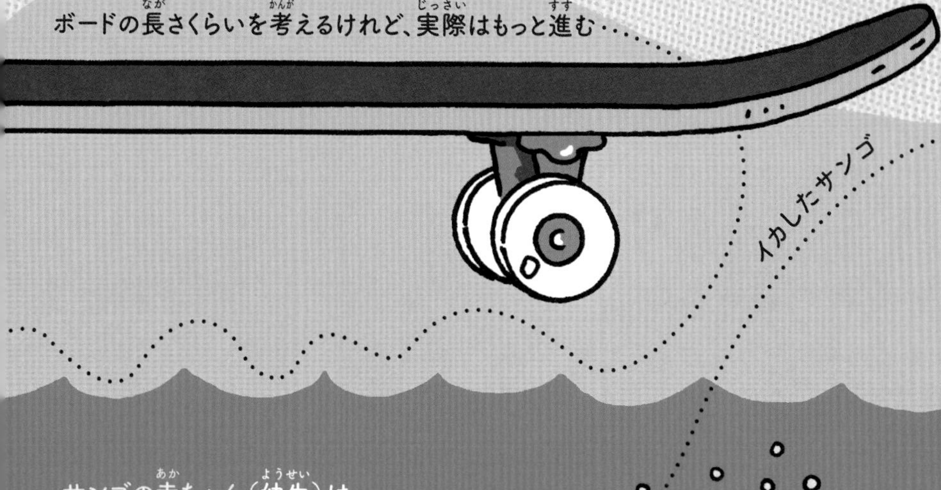

イカしたサンゴ

サンゴの赤ちゃん（幼生）はほとんど、親から数km以内の海底に根づいて、そこから移動することはない

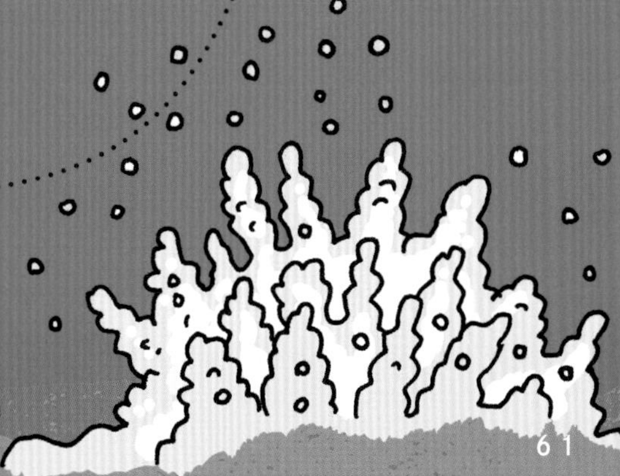

ヒトの髪の毛と
同じくらいのスピードで
伸びるサンゴも
あるんだって……

ピグミーシーホースは、
長さ1～2cmの
とっても小さい
タツノオトシゴで、
サンゴにくっついて生活する。
サンゴのように見えるように、
サンゴに似た突起まである……

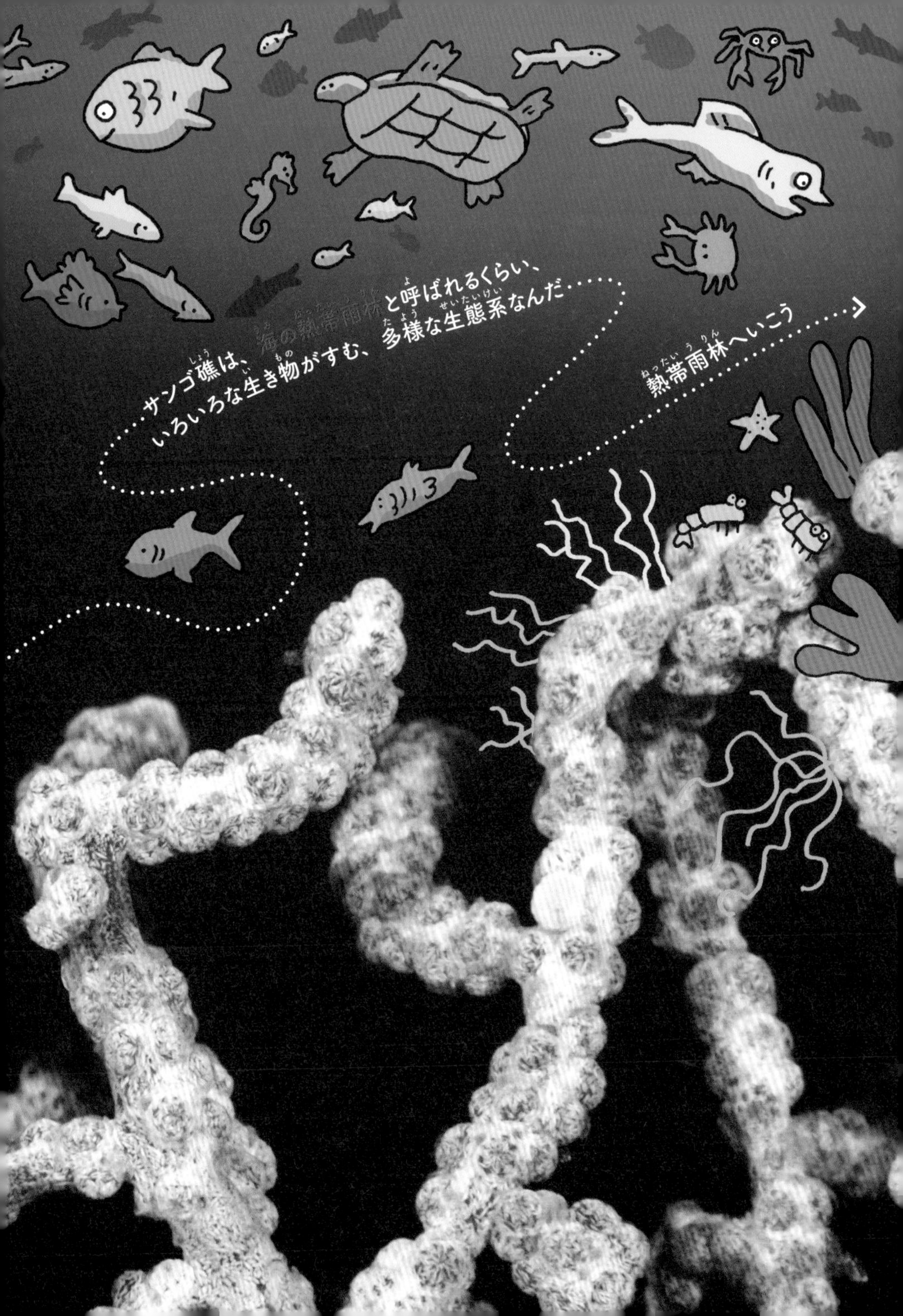

サンゴ礁は、海の熱帯雨林と呼ばれるくらい、いろいろな生き物がすむ、多様な生態系なんだ

熱帯雨林へいこう

ハワイの熱帯雨林にすむ
ニコヤカヒメグモ。
その名のとおり、
笑った顔みたいな模様が
体にあるよ

「熱帯雨林の宝石」と呼ばれる青いコバルトヤドクガエル。ヒトの指紋のように、一匹ずつ模様がちがうんだって
こっちへ跳ぼう

互いに向き合って
あごを思いっ切り
大きく開けるのは、
オスのカバが
戦う前に、
お互いを見定める
方法なんだって！

「海のギャング」といわれるウツボ。
のどの奥には2つめのあごがある。

カバが水中にいると、
魚が群がってくるのはなぜ？
魚は、カバの皮ふについた
寄生虫や口の中の食べかすを
きれいに掃除してくれ、
さらにはカバのフンまで
食べてくれるんだ！

カエルは目を閉じることによって、
食べものをのどに押し込んでいる。

ノーザンピノキオガエルは、
鼻が、あたまから突き出た角の
ような形になっていることから
名づけられた。

ホシバナモグラは、獲物を探す
とき、鼻のまわりに生えた22本の
突起を使う。

おとなの
オスの
ダチョウの
あたまは、
NBAの
バスケットゴール
のネットの底に
とどく。

ヨーロッパの
鍾乳洞の底など、
洞窟の中にすんでいる
ホライモリは、
何も食べなくても
10年間生きられるらしい。

フンをするとき、ナマケモノは毎回同じ木の下に行く。科学者たちは、他のナマケモノとコミュニケーションするためや、お気に入りの木の肥やしにするためなのではないかと考えている。

ナマケモノは、自分の毛にはえる緑のコケまで食べる。

背が緑色の鳥、アメリカササゴイは、虫を水中に落として魚を呼び寄せる。

エジプトハゲワシは、ダチョウのたまごに石を落として割るんだ。

ラッコは、わきの下のたるみに、貝などを割るための石を入れている。獲物をたたきつけ、中身を取り出すんだ。

南米のベネズエラには、洞窟の天井からぶら下がってコウモリを食べてしまう世界最大のムカデがいる!

このムカデは、ペルビアンジャイアントオオムカデという名前で、脱皮したあと、自分の抜け殻を食べてしまうんだ。

完全防備だ!

世界最強の外骨格をもつ甲虫、
コブゴミムシダマシは、

車にひかれてもつぶれない

きれいな甲虫
152ページへ

古代にタイムスリップ～

……古代生物グリプトドンは、アルマジロのなかま。
背中からしっぽまで甲羅で
がっちりガードされていて、
鋭い牙をもつ古代生物サーベルタイガーも
攻撃するのに苦労したんだって……

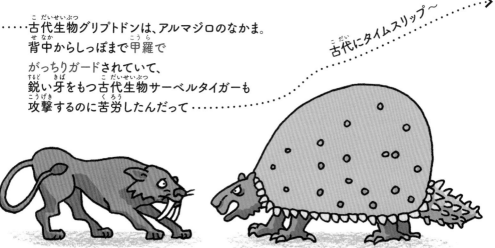

1万3000年前ごろの
巨大なナマケモノといえば
メガテリウム。
体長6メートルで
アボカドを丸のみだ！
古代ザメのエデスタスは、
ギザギザの歯が
上と下で反りかえっていて、
ハサミのように
獲物の魚を切り裂いた

ウマのいちばん古い祖先ヒラコテリウムは、
小型犬くらいの大きさだった

4万年間
凍り続けた
マンモスの赤ちゃん
丸ごと1頭が、
ロシアで
発見された

ひんやりくつろごう

パッカパッカ走ろう
128ページへ

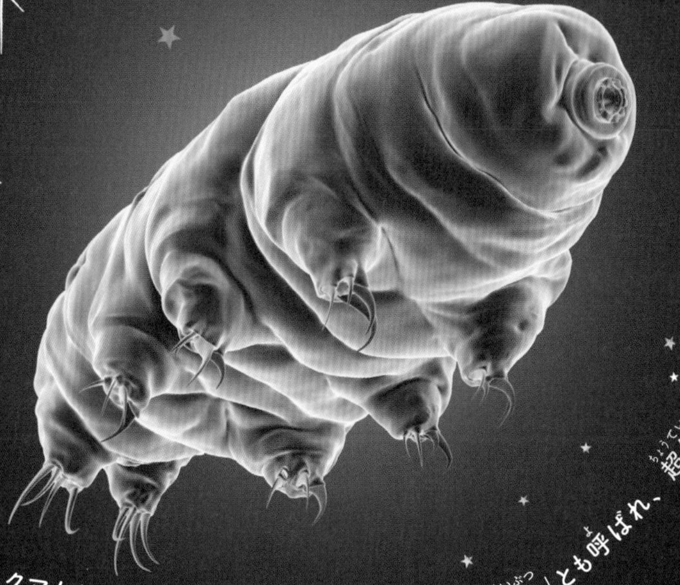

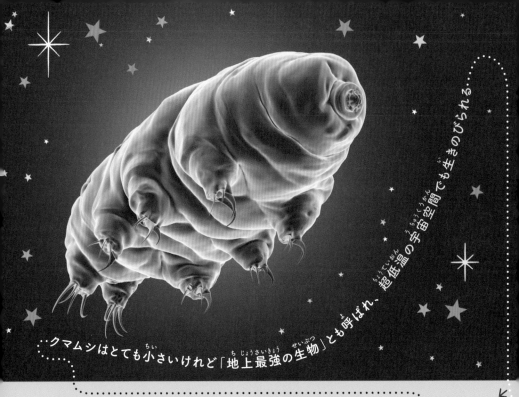

クマムシはとても小さいけれど「地上最強の生物」とも呼ばれ、超低温の宇宙空間でも生きのびられる

ナンキョクユスリカは
南極にすむたった一種の
昆虫で、幼虫は9か月
ほとんど凍った状態で
生きのびられるらしい

南極のコウテイペンギンは、
足が凍らないように
かかとを前後に
揺するんだって

めちゃ小さい動物

110ページへ

冬眠する
ホッキョクジリス
（北極リス）の
体温は、なんと

氷点下

まで下がることがあるらしい！

ちょっとひとやすみ

……北極海にくらすシロイルカは、食パン10枚ほどの脂肪の層が寒さをしのいでくれるんだ……

オーストラリアにすむピグミーポッサムは、
冬眠で深い眠りについているときでも、
山火事などの危険に気づくことができる

地球の裏側へ

オーストラリアは、ヒトよりもカンガルーのほうが多い

オーストラリア最大のカタツムリの殻は、テニスボールくらいの大きさになる
ハリモグラのメスは
ブドウくらいの
小さなたまごを産み、
お腹の袋のなかで
たまごを育てる
もっとたまごの話

ソウゲンライチョウのオスたちは、草原で声をあげてメスに

ネコザメのたまごは、ドリルのような不思議なかたち。
岩のあいだに押し込んで固定するためなんだ

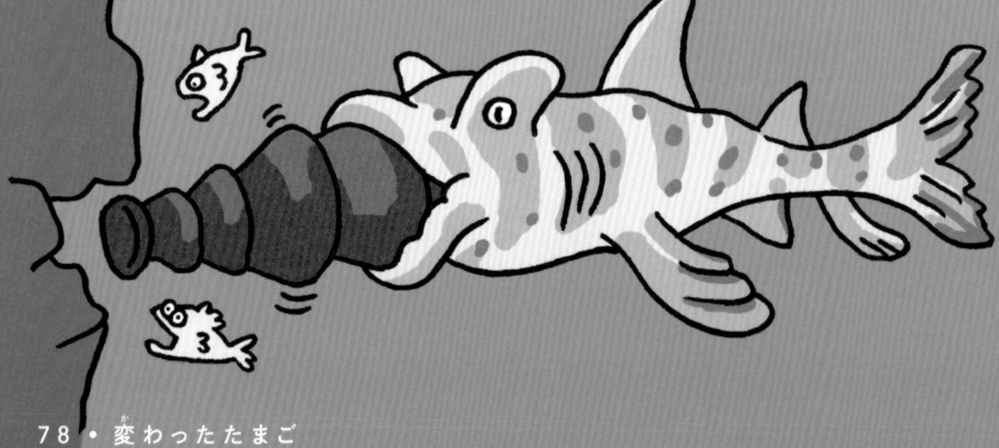

求愛ダンスなどでアピールをする。メスはオスを選び、草原の近くの簡単な巣にたまごを産む…

草原に行こう

ラビオリ（イタリアの詰め物パスタの一種）みたいなかたちのたまごを産むエイがいる…

アフリカ東部と南部の草原にすむ
シマウマは、びっくりすると
おならをする！

ヒョウは、しとめた獲物を木の上に運ぶことがある。ネコ科の大型動物やハイエナに横どりされないようにするためらしい……

獲物をさがしてぶらつこう……

ネコは、前足にも
ヒゲがあるって
知ってる？

ネコ科の動物は、たいてい水が苦手なんだけれど、
トラは泳ぎが得意で、からだを冷やすために水遊びをするんだ

ジャガーは強力なあごで、
カメの甲羅もバリバリかみ砕く！

カメについてはこっち～
168ページへ

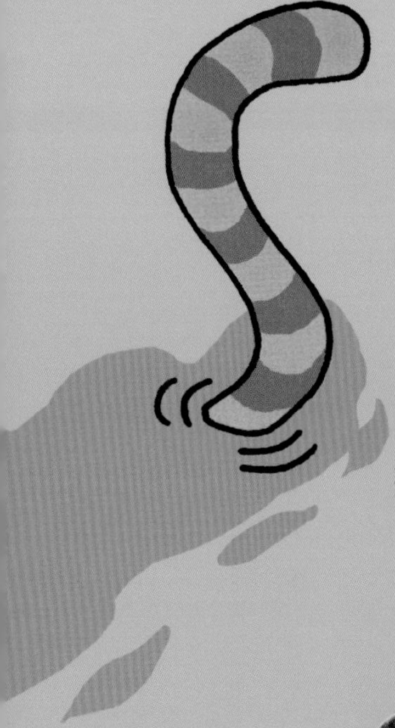

フランスの野良猫フェリセットは、
初めて宇宙へ行ったネコ。1963年に
宇宙へ飛びたち、13分飛行したあと、
パラシュートでカプセルごと地球にもどった

打ち上げだ！

ネコの利き手はどっち？
オスは左利き、
メスは右利きが
多いんだって

マナティ星雲は、
わし座にある
ガスやチリでできた天体。
あおむけになったマナティが、
お腹のうえに
ヒレをのせている姿
そっくりに見えることから
名づけられた……

夜空には、
ネコ科の星座よりも
イヌ科の星座
のほうが多い

アザラシは、
岸から遠くはなれて
泳ぐとき、
星の位置をたよりにして
自分の進路を見つけて
いるらしい

水に飛び込め！

なぜペンギンは、**タキシードのような白黒**なんだろう？　泳いでいるときに下から見ると白いお腹は太陽の光で見えなくなり、上から見ると黒い背中は海とまじってカモフラージュ（擬態）になるんだ

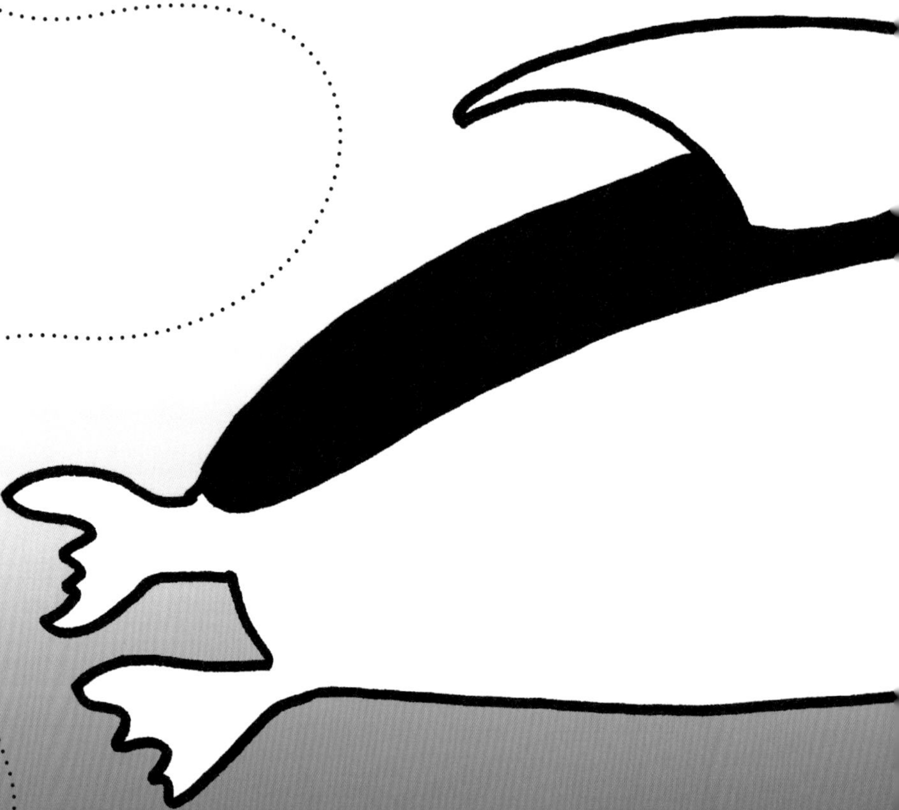

よくよく見ないと…

ワニは、沼や湿地の水のなかにいるときにじっと動かないでいると、でこぼこ

したからだを浮いた丸太のようにカモフラージュでき、獲物に気づかれにくくなるんだ

モンゴウイカはカモフラージュ（擬態）の達人。まわりの色だけでなく、
海底みたいなゴツゴツしたからだにも変身できるんだ

泳ぎだったら
86ページへ

北米にすむヌマチウサギは、ウサギなのに泳ぎが得意。
敵から逃げるために水に飛びこんだり、エサを見つけるために水に潜ったりする

カピバラはネズミのなかま。
目と耳と鼻が、
カバみたいに頭の高い位置に
一直線にならんでいるから、
からだを水中に隠したまま
顔だけ水面から出すことが
できるんだ

アフリカの湿地帯にくらすシタツンガは、レイヨウのなかま。バナナみたいな幅広いひづめがあるから、沼地でも沈まずに歩けるんだ・・・
カナダカワウソは、ぬかるんだ斜面を滑り降りて遊ぶのが大好き！
泥まみれだ～
ビーバーの目にはゴーグルみたいな透明なまぶたがついているから、にごった川や沼でも水中が見えるんだ

マッドパピーは、川や池の底にすむサンショウウオのなかま。イヌの鳴き声のような音をだすことから

ウォータードッグ

とも呼ばれるんだ……

50ページへ

深海を探検！

ブタは泥遊びが大好き。
暑い夏にからだを冷やしてくれる
だけでなく、ダニや寄生虫も落として
清潔にしてくれるからなんだって

からだは清潔にね！

北極海の底にある泥火山には、チューブワーム（ハオリムシ）が何十億もいる。口も肛門もない謎の生き物だ。

54ページへ

サルが好き～

サルはお互いを
毛づくろいして
シラミを食べちゃう
んだって！

ニホンザルは、
温泉
に入ることで有名

180ページへ

ネバネバ

モフモフ

ネコの毛づくろいには、からだを清潔にし、冷ます効果があるんだ。

カンガルーの多くは
左利きで、
食べるのも毛づくろいも
左手でする…

鳥のヒナには、自分のうんちを「糞のう」と呼ばれる
天然のオムツのようなもので包み、からだから出す
ヒナがいる。親鳥はこの「オムツ」を巣の外に捨てたり、
ときには食べたりする。だから、ヒナがいても巣は汚れにくい……

アフリカにすむ大きな耳の
フェネックギツネは、砂漠の
熱い砂の上を歩けるように、
足の裏が毛でおおわれている……

ユキヒョウのメスは巣に自分の毛をしきつめて、
赤ちゃんが寒くないようするんだって！……

暑いところのシマウマ
ほど、シマ模様が多い。
科学者たちは、
シマがからだを冷やして
くれると考えている……

おうちに帰ろう
178ページへ

ホッキョクグマの
毛は、ストロー
みたいに空洞

世界でいちばん毛深い動物って
なんだかわかる？
答えはラッコ。
切手一枚分の面積に、
100万本の毛がはえているんだって……

白黒の動物
138ページへ

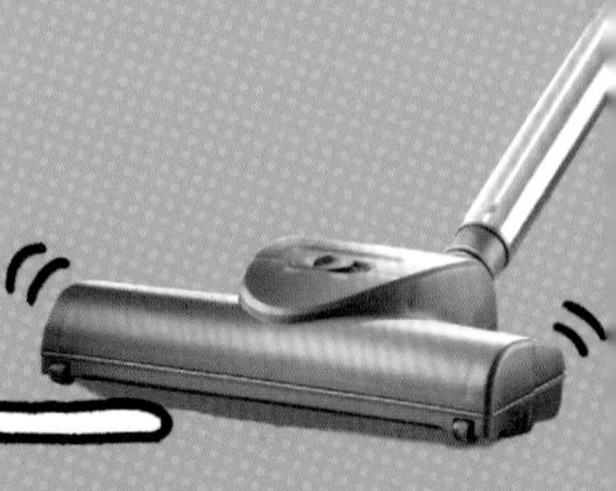

世界でいちばんうるさい飼いネコの**ゴロゴロ**は、掃除機の音と同じくらいうるさいんだって

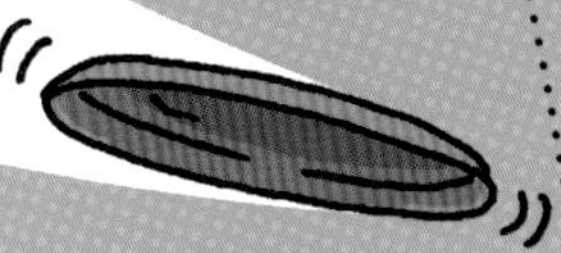

クマのなかでいちばん足が大きいのはホッキョクグマ。フリスビーと同じくらい大きい

ギネスに認定された
ウシの一種、
テキサスロングホーンは、
自由の女神のあたまより
広い角の持ち主なんだって……

頭でっかち

何か聞こえる？

12ページへ

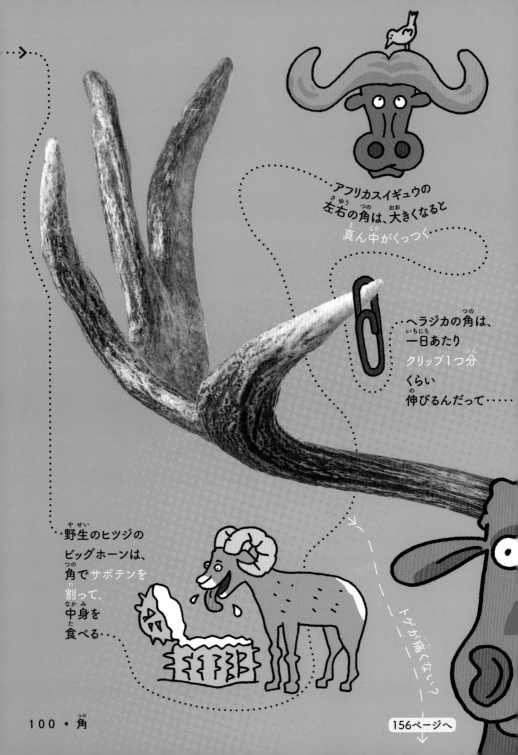

アフリカスイギュウの
左右の角は、大きくなると
真ん中がくっつく

ヘラジカの角は、
一日あたり
クリップ1つ分
くらい
伸びるんだって……

野生のヒツジの
ビッグホーンは、
角でサボテンを
割って、
中身を
食べる……

トゲが痛くない？

156ページへ

7600万年前の恐竜、
コスモケラトプスには
なんと角が
15本もあった！
動物では
ナンバー
ワンだ

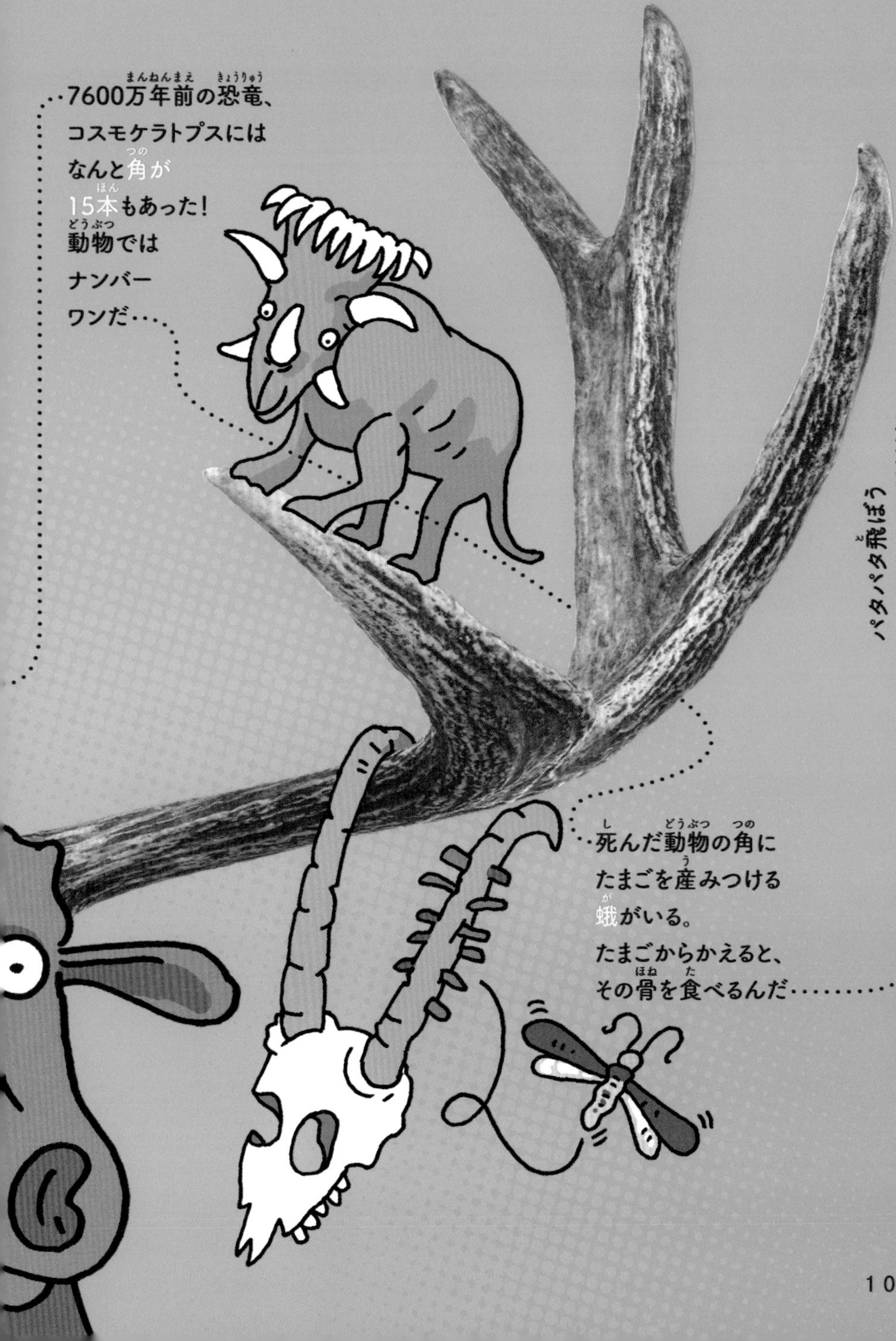

パタパタ飛ぼう

死んだ動物の角に
たまごを産みつける
蛾がいる。
たまごからかえると、
その骨を食べるんだ

オニプレートトカゲは危険にそうぐうすると
岩のくぼみに逃げ込む。肺いっぱいに空気を
吸い込みパンパンに！　敵も引きずり出せないぞ。

ナマケモノの
胃や肝臓は、
ろっ骨に固定
されているので、
ぶら下がっても
肺を圧迫しない。
だから、逆さまでも
息ができるんだ。

砂漠にすむ
サバクガメは、
雨水を
ためるために、
じぶんで地面に
くぼみをほる！

砂漠にすむ
スズメガの幼虫は、
びっくりしたときに
頭をあげることから、
スフィンクス
という名前が
ついたんだって。

恐竜ヴェロキラプトルは七面鳥くらいの大きさ
なのに、サッカーゴールより高くジャンプできた。

木の枝から
逆さまになる
オポッサム。
赤ちゃんでも
少しだけなら
しっぽを使って
ぶら下がれるんだ。

キリンは、
もっともしっぽが
長い陸生動物。
ゴルフクラブと
同じくらいの
長さがあるんだ。

最大の陸生動物だと
考えられているのは、
パタゴティタン・マヨラム
という草食恐竜で、
燃料と貨物を満載した
ジェット機と同じくらいの
重さだった。

ハシナガイルカは
空中でジャンプや回転をして、
自分たちの進む方向や
せまっている危険について
仲間のイルカたちに知らせて
いると、科学者は考えている。

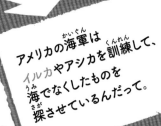

アメリカの海軍は
イルカやアシカを訓練して、
海でなくしたものを
探させているんだって。

仕事をしてくれているんだね〜

イギリスの**首相官邸ネズミ捕獲長**は一匹のネコ。
首相官邸でネズミをつかまえることが仕事なんだ……

アフリカオニネズミは
とても賢いので、
爆発物や一部の病気を
かぎわけるように
訓練することができる……

アメリカのオレゴン州のゴルフ場では、
ヤギがキャディーとして働いていて、ゴルフボールやクラブを
専用のケースに入れて背負って運んでくれるんだって

アメリカのシカゴにある空港では、数十頭のヒツジ、ヤギ、ロバたちが

雑草を食べてきれいにしてくれている

ウシは一日に8時間ぐらいかけて、
一度食べた草をお腹から口にもどして、
もう一度かんで飲み込む作業をする。
これを「反すう」というんだ

ムシャムシャ

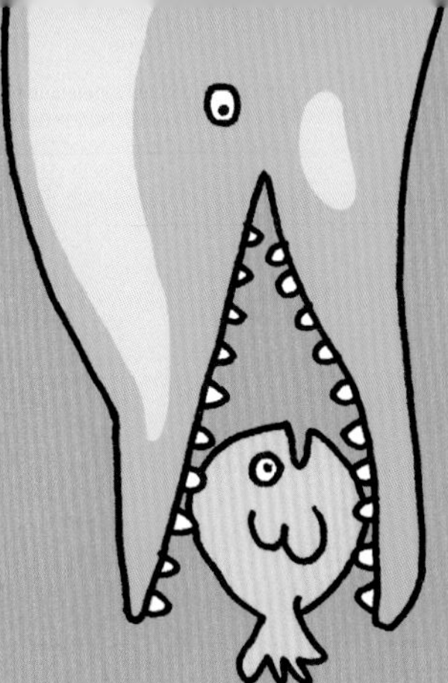

イルカは、歯で魚をとらえて丸のみする。
食べものをかみくだくために歯を使うことはない！

ビーバーの歯は
オレンジ色。

メガロドンは200万年以上
まえに絶滅した巨大なサメで、
バターナイフくらい長い歯を
持っていたんだって。

クマムシはとても小さく、
口には歯がない。
そのかわり、
スタイレットと呼ばれる
2本の針のような器官が
あって、それで獲物に
穴をあけて中身を吸う

よ〜く見よう

鳥の羽などを使って歯のそうじをするサルもいる

むかしにタイムスリップ
70ページへ

ふとんには平均して最大

150万匹のイエダニ

がすみついている

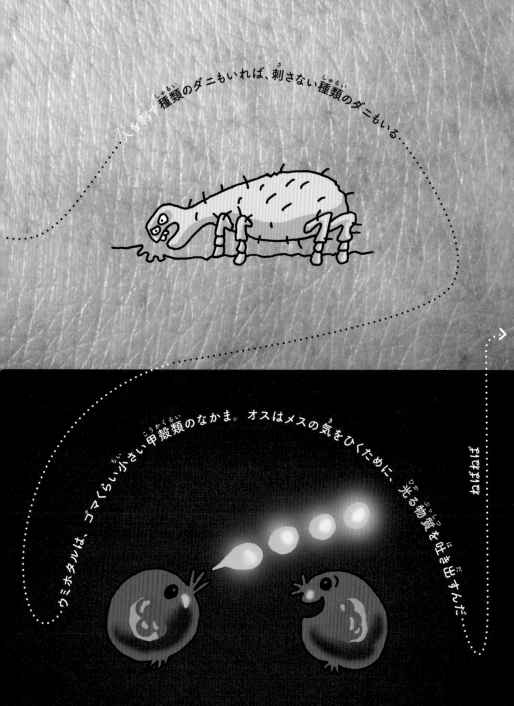

人を刺す種類のダニもいれば、刺さない種類のダニもいる……

ウミホタルは、ゴマくらい小さい甲殻類のなかま。オスはメスの気をひくために、光る物質を吐き出すんだ……

ねばねば

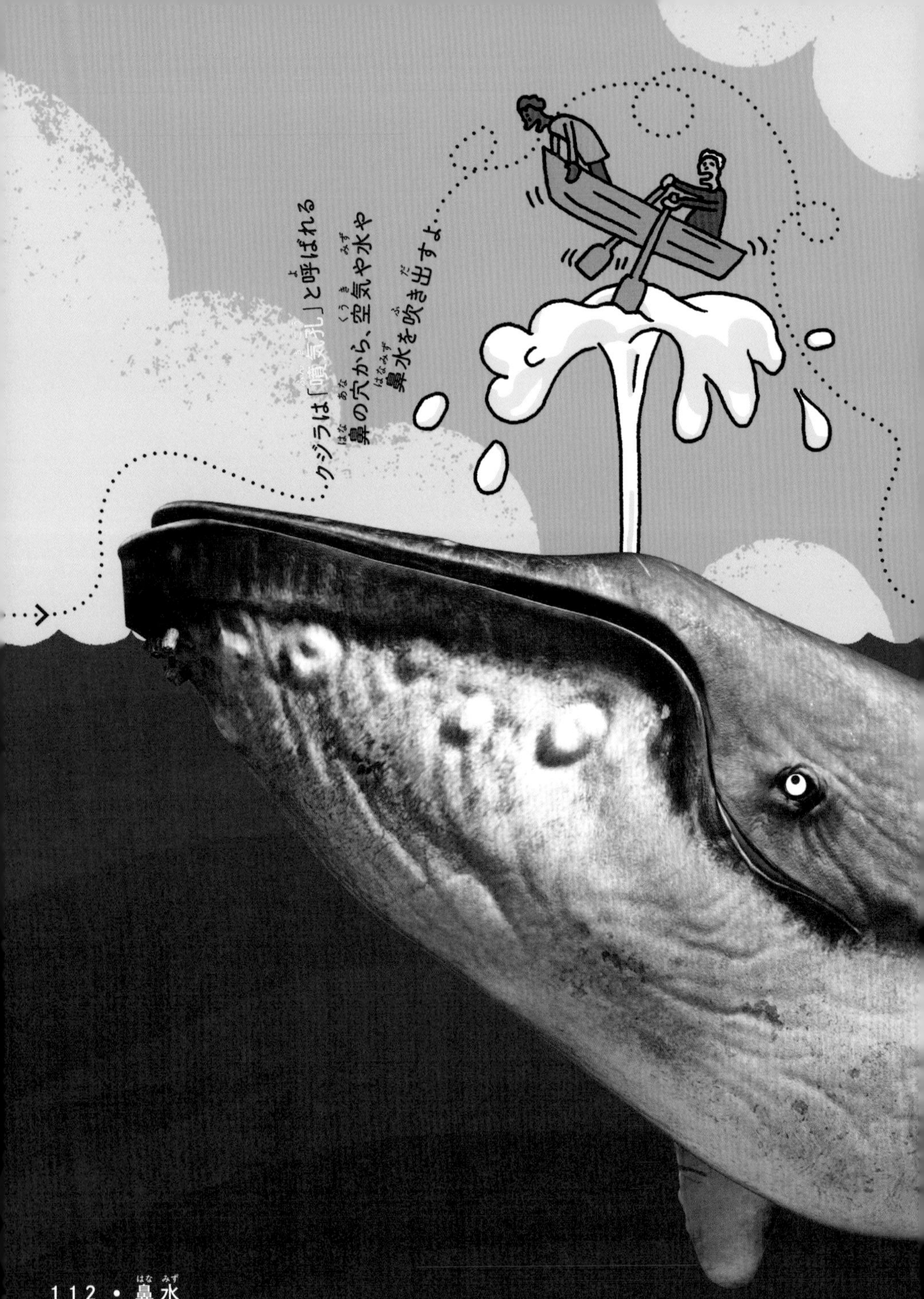

クジラは「噴気孔」と呼ばれる
鼻の穴から、空気や水や
鼻水を吹き出すよ。

36ページへ

クジラ大好き

ボノボのお母さんは、赤ちゃんの鼻水を吸いとるんだって

すごい鼻

ホシバナモグラは
水中でも
においがわかる。
鼻から気泡を吐きだし、
また吸いこむことで、
獲物のにおいを
かぎつけて
いる。
くんくん

ニンニクガエルというカエルは、ストレスを感じるとピーナッツバターみたいなにおいを放つ

ミツバチは刺すときに
バナナのような香りを出して、
巣のなかまに危険を知らせる
協力しているんだね～

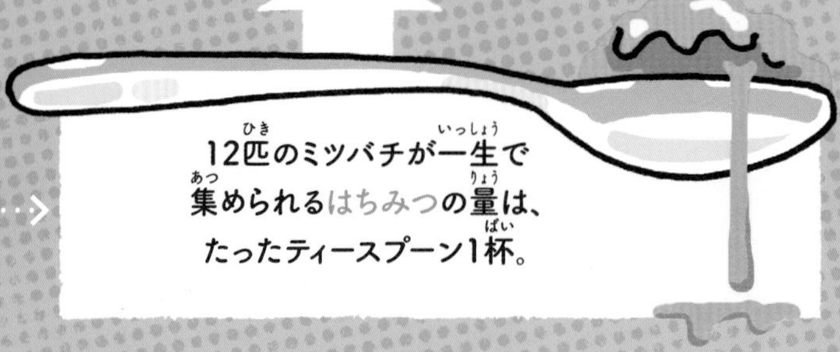

12匹のミツバチが一生で
集められるはちみつの量は、
たったティースプーン1杯。

イタチのなかまのラーテル（別名ミツアナグマ）は、はちみつやハチの幼虫が大好き。ぶ厚い皮ふで、アフリカミツバチの毒針もブロックすることができる。

最強の毒ヘビ
ブラックマンバは、
シロアリの
塚の中で
寝るらしい。

吸盤
みたいな口で
魚に吸いつく
ヤツメウナギ。
鋭い歯で
魚の肉を
そぎ落として、
血を
チュウチュウ
吸うぞ。

飛べないけれど「世界でいちばん危険な鳥」
といわれるヒクイドリの鋭い爪は、なんと
10cmもある。キックされたら一撃で
相手は切り裂かれてしまうんだ。

オスのカンガルーは、
ケンカをするとき
しっぽでからだを支えて、
キックを両足で
することができる。

クモの足は
何百万本もの
細かい毛に
おおわれている。
だから、
どこにでも
へばりつくことが
できるんだ。

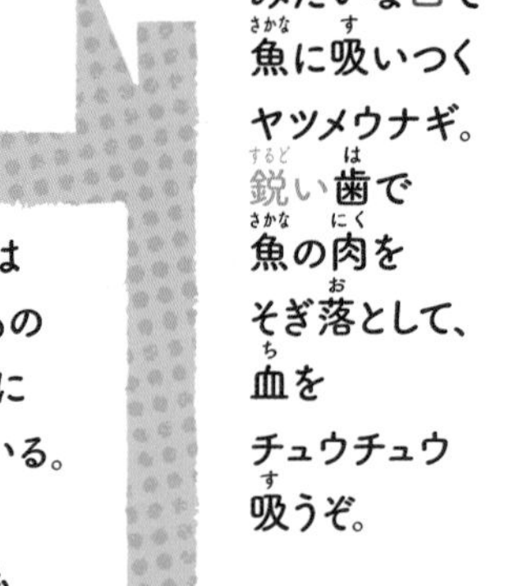

イルカの赤ちゃんの鼻のまわりには、
数本の毛が生えている。
まるで口ヒゲのように見えるよ。

吸血コウモリは、獲物（たいてい、ウシやウマ）にかみついたあと、
舌で血をなめつくしてしまう。

オオアリクイは、
シロアリの塚をこわしながら、
ベタベタした舌で
一日に3万5000匹ものアリを
食べるんだって。

じぶんの目をじぶんでなめて、
目を清潔にしているのはヤモリ。

ナマズには、頭からしっぽまで
味を感じるセンサーがある。
ヒトが口の中にもっている
20倍以上の17万5000個も
あるんだって！

ヤモリはしっぽを切り捨てたあと、
もどってきてそれを食べることも
あるんだって！

ガオ〜〜！

冬眠する前のクマは、
脂肪の多い食べものを
食べるのに必死だ。
魚の脂がのっている
ところだけ食べて、
あとは捨ててしまっ
たりすることも
あるらしい。

セイウチはヒゲをつかって
海底にある食べものを探すんだ。

34ページへ

少しうとうと

東南アジアなどにくらす
マレーグマは、
赤ちゃんを抱っこして
2本足で歩くことがある

ツキノワグマが庭の子ども用
プールでぐうぐうお昼寝。アメリカの
バージニア州にすむ女の人が
発見したんだって

「ピズリー」は、ホッキョクグマとハイイログマのめずらしい交雑種

こっちに進め〜

ヒグマは足できもちを伝える。
足の裏からでるにおいを地面に
こすりつけて歩くことがあって、
これは「足こすり」と呼ばれる。
まるでクマのダンスみたいだね。

ジャイアント
パンダは、
多いときで一日に
38kgの竹を食べる。
これはハンバーガー
だと336個分の
重さになる!

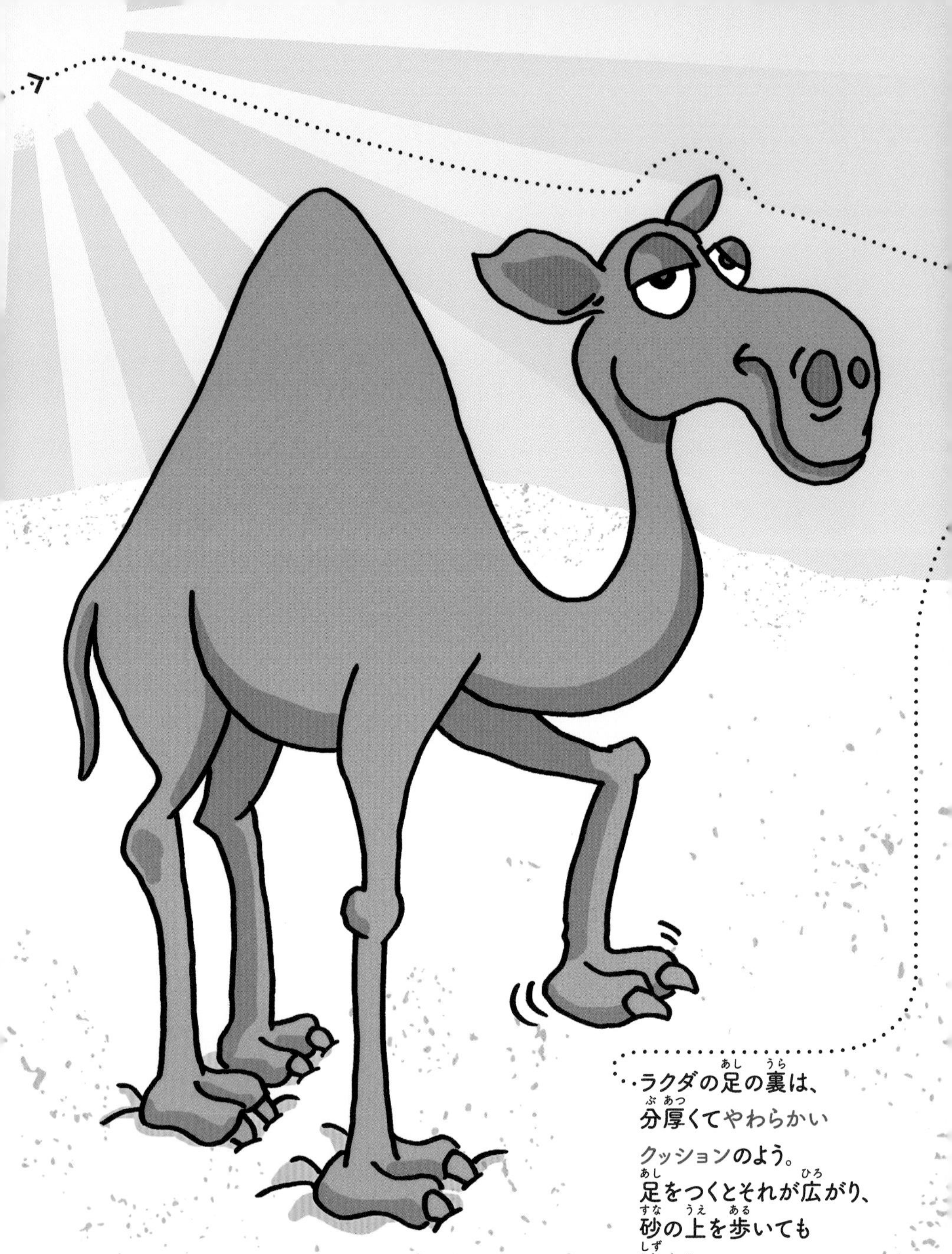

ラクダの足の裏は、
分厚くてやわらかい
クッションのよう。
足をつくとそれが広がり、
砂の上を歩いても
沈まない……

ヤモリの足は、どこかにくっついたり
離れたりするのが自由自在にできるらしい

これまでに発見された恐竜の足跡の化石のなかで
いちばん大きなものは、おふろくらいの大きさがあった

化石をほり起こそう!

アフリカのマダガスカルで見つかった6600万年前の化石は「狂ったケモノ」と科学者たちに名づけられた。
それは、ネズミのような前歯に、ワニのような後ろ足。
そして、鼻の上に穴があいた動物だった……

おおむかしの人びとは、絶滅した恐竜の化石を見て、竜（ドラゴン）などの神話や伝説上の生き物を信じるようになったのだろうと、科学者たちは考えている……

…→…16世紀ごろの商人たちは、イッカク（クジラのなかま）の牙を北アメリカやロシアからヨーロッパに持ち込み、ある伝説上の生き物の角として売っていた。それは、

ユニコーン

100ページへ

小型トラックより大きくなることがある
深海魚のリュウグウノツカイは、
大ウミヘビ神話のもとにもなったらしい

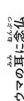

灰の中からよみがえる
伝説の鳥、
不死鳥フェニックス。
古代エジプトでは
高温の塩原でたまごをうむ
フラミンゴが
そのモデルになった
らしい

北欧神話に登場する
海の怪物クラーケン。
巨大な足で、
船を海に引きずりこんだ
とされているんだ

ユニコーンは、
スコットランドの
公式な国獣
になっている

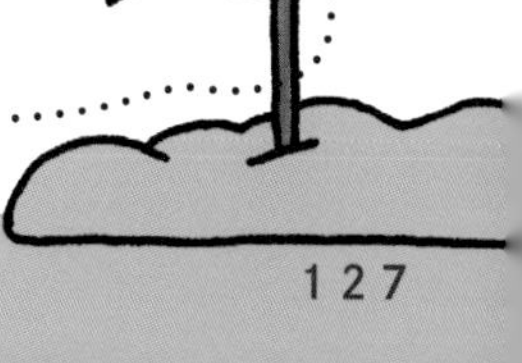

1976年になるまで、ロンドンのタクシー運転手は

タクシーにウマのエサを用意しておくことが法律で決められていた!

馬車の時代はとっくに終わっていたにもかかわらず…

伝説の競走馬、

セクレタリアト

の心臓は、
ふつうのウマの
2倍以上も
あった!

そして優勝者は…

ウマが一日にだすよだれの量って知ってる? なんと、缶ジュース100本分!

スケートボードに乗れる犬

として有名になった
ブルドッグのティルマンくん。
足で地面をけって、
ニューヨークの
タイムズスクエアだった走りぬけたんだぞ～

ナンバーワン!

水が大好きなイエアメガエルは、
夜の冷たい空気から
暖かい巣穴にとびこんで
「霧」を発生させるぞ。

イカが、
海の上を進む
スピードは、
最速の男
ウサイン・ボルト
が走る
スピードと
同じくらい速い。

ナキハクチョウが助走をつけて水面から
飛び立とうとしているときの音は、
ウマの走る音みたいなんだって。

ボクサー犬は
こうふんすると、
後ろ足で
バランスを
取りながら、
前足で
ボクシングの
ようなポーズを
とることがある。

こうふんしたモルモットは、
ポップコーンがはじけるみたいに
空中にまっすぐジャンプするんだって。

カエルアンコウは、
カエルではなく魚。
からだの表面は
小さな突起で
おおわれ、
ひれを使って
海底を歩くんだ！

なんだかあやしげ……

大きく
突き出した
あたまを
敵にぶつける
海の魚は、
サンゴ礁に
すんでいる
カンムリブダイ。

なわばりにワニが侵入してくると、
アメリカマナティは泳いでワニに近づき、
身をぶつけて追い出すらしい。

ワラビーの赤ちゃんは、
危険を感じるとジャンプして、
お母さんの袋に入って身を守る。

ミズオポッサムの
お腹の袋は
密閉性が
高いので、
お母さんが泳いで
いるあいだも
赤ちゃんは
ぬれないように
なっている。

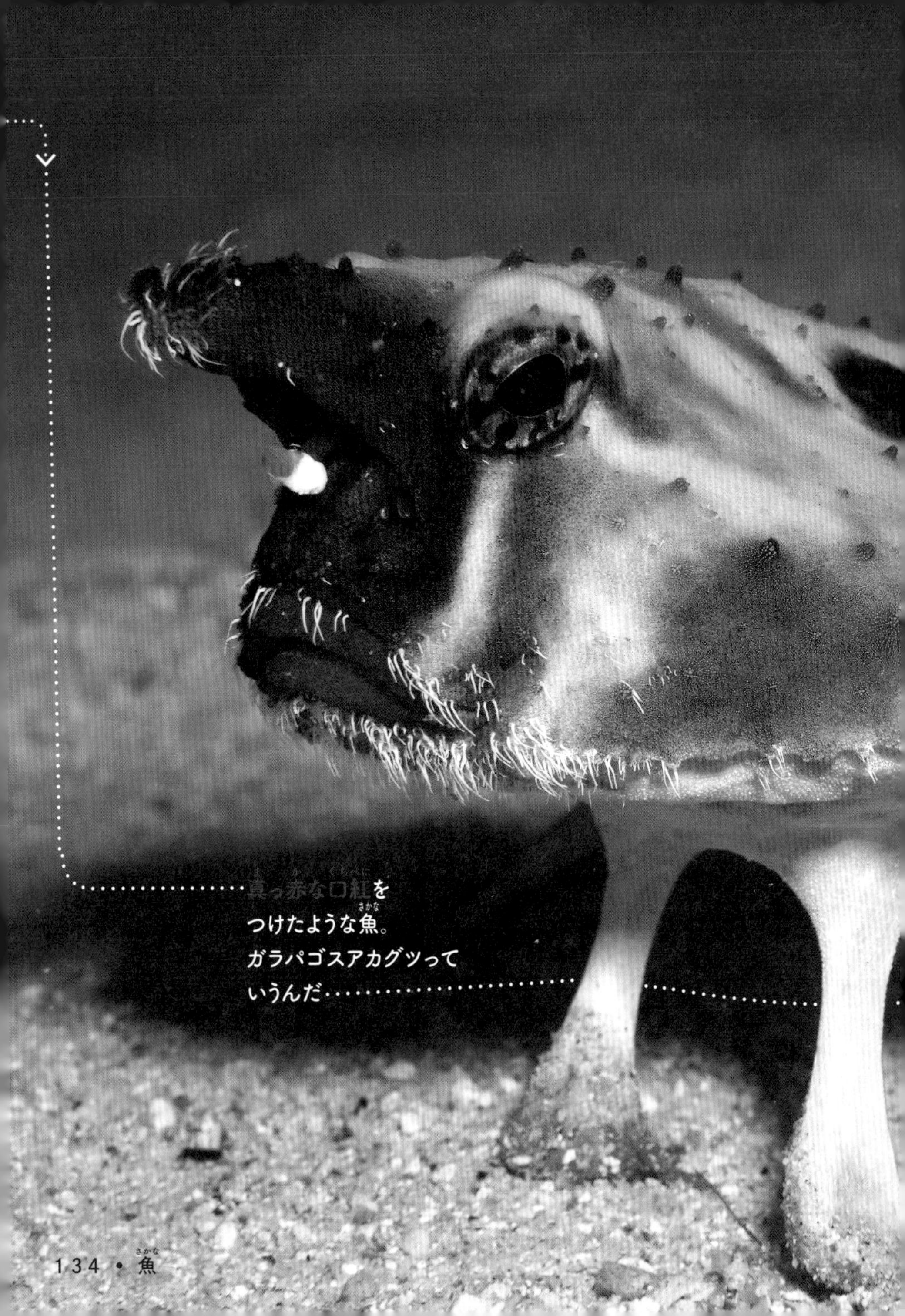

真っ赤な口紅を
つけたような魚。
ガラパゴスアカグツって
いうんだ……

ナンヨウハギという魚は、
「パレットのクロハギ」
とも呼ばれる。
絵の具のついたパレット
みたいな姿なんだ。
もようを見てみよう

ジャガーのもようはバラ（ローズ）のかたちに似ているから、ロゼットと呼ばれるんだ

奄美大島のアマミホシゾラフグは、海底にミステリーサークルみたいな巣をつくる。オスがメスにアピールするために貝で飾りつけるんだって！

シマウマ1頭1頭を写真から見分けるバーコードリーダーのようなシステムが、コンピュータ科学者たちによって開発された

白黒ファッション

ジャイアントパンダは逆立ちしてオシッコすることがあるらしい。

ダルメシアンの模様（黒い斑点）は、体だけではなく、口の中にもある！

生まれたばかりのシャチは白黒じゃない!?
お腹と目のまわりが白ではなく薄いオレンジ色なんだ

じつは、ペンギンの足は長い。
からだのなかに足を折り曲げて歩くから、よちよち歩きで短く見えるだけなんだ

スズメバチは、バスケットボールよりも大きい巣をつくることがある！

チクッとした！

アメリカ大陸にすむオオベッコウバチは
クモ狩りの名人。ヒトが刺されると、
悲鳴を上げるくらい痛いらしい

サソリはしっぽの
毒針（どくばり）で
たたかい、
勝（か）ったほうが
相手（あいて）を食（た）べてしまう……

もっと毒（どく）

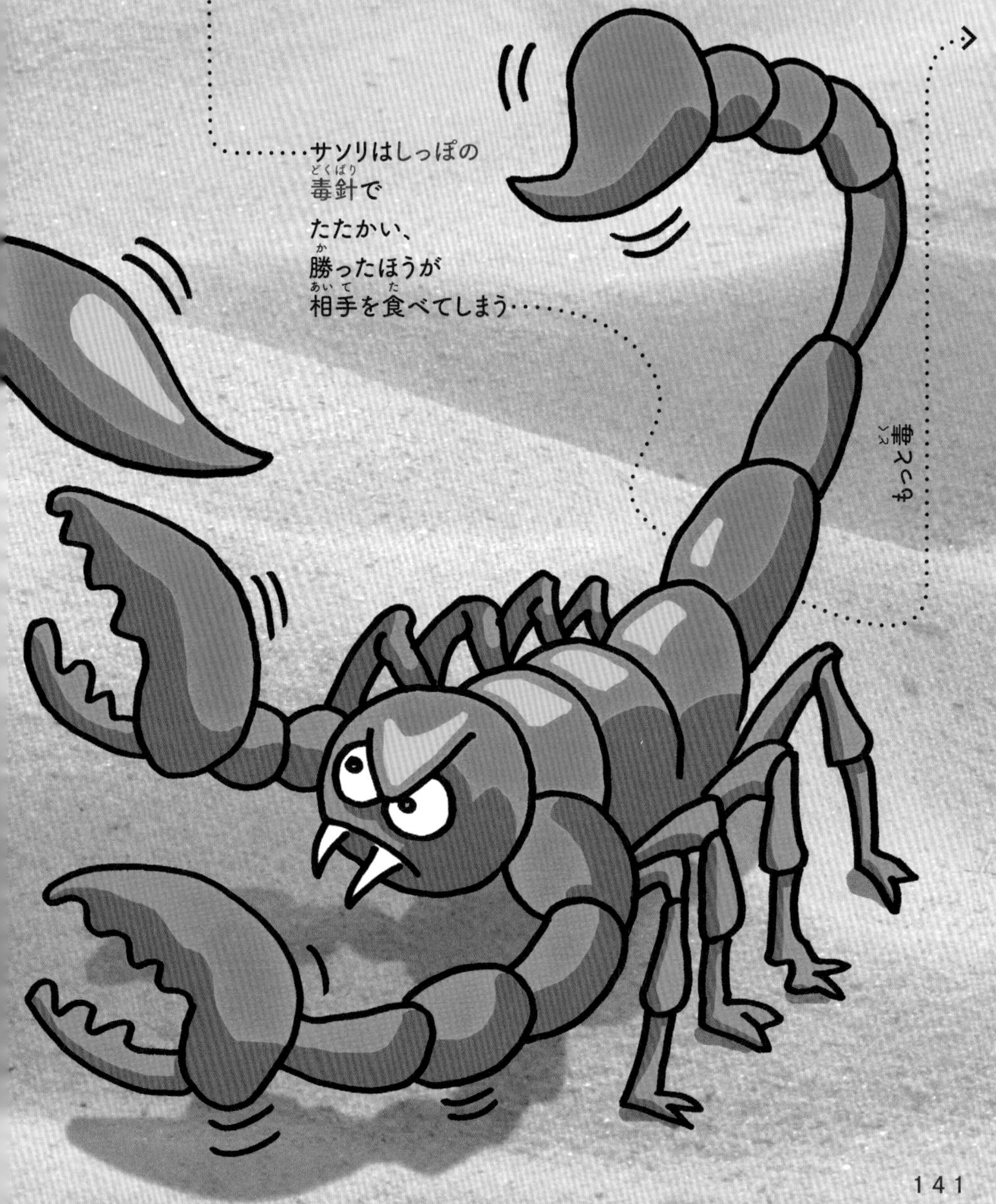

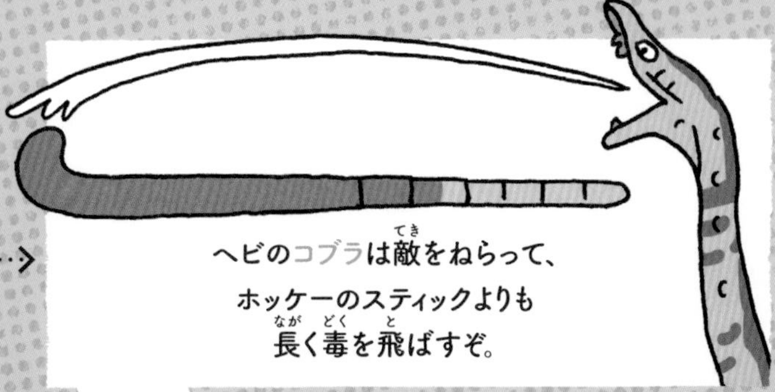

ヘビのコブラは敵をねらって、
ホッケーのスティックよりも
長く毒を飛ばすぞ。

ヘビのなかでキングコブラだけが、
たまごのために巣をつくる。

鳥のたまごで
世界一小さいのは、
コビトハチドリ。
グリーンピース
くらいの
大きさしか
ないんだ。

クロコサギは
羽をカサのように
広げて、
できた影で
浅瀬にいる魚を
おびき寄せる。

アナグマは、
巣の近くに
浅い穴を掘って
トイレにする。

ガラパゴス
ペンギンは、
溶岩の穴などに
産んだたまごを
入れる。

ワニは
石を飲み込んで
お腹に入れ、
水の中に
長くもぐれる
ようにしている。

ヘラジカは
水の中にもぐって、
湖や池の
底にはえた
水草を食べる。

カモノハシは、
池や川の底でエサが発する
わずかな電気を、
くちばしにあるセンサーでキャッチして、
獲物の居場所を突き止めている。

ノドアカハチドリは、
1秒間に50回以上も
翼をパタパタさせるんだって。

翼竜は、
恐竜の時代に
空を飛んでいた
は虫類のなかま。
翼は、
飛ぶためだけでなく、
歩くためにも
使っていたらしい。

スピノサウルス
という恐竜は、
水中の生き物も
陸上の生き物も
食べていた。

これは、
現代でいえば
鳥のサギと同じだ。

ペリカンの
巨大な
くちばしと
喉袋には、
胃の3倍分の
食べものが
入るんだって。

胃の中に歯のあるカニがいる。
スナガニの歯は、
食べものを消化するだけでなく、
うなり声をたてて敵を撃退する
ことまでできる。

ヤシガニと呼ばれるカニの一種は、
のこぎり状のハサミで
ココナッツの実を割る。

こっちへカニ歩き〜

ヤドカリは、じつは友だちが多い。
野生では100匹以上が集まって、
いっしょにくらすことがある。

172ページへ

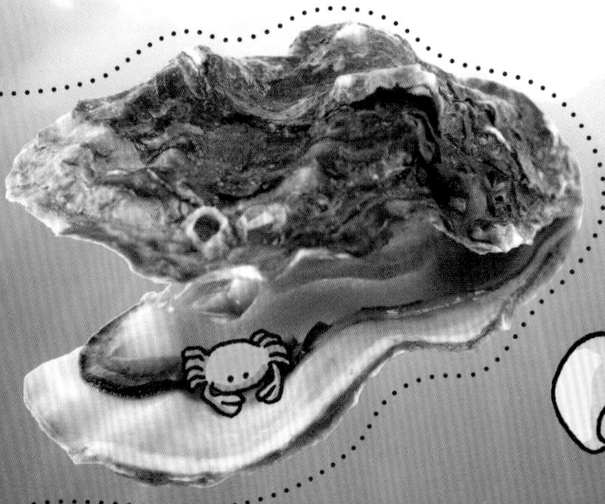

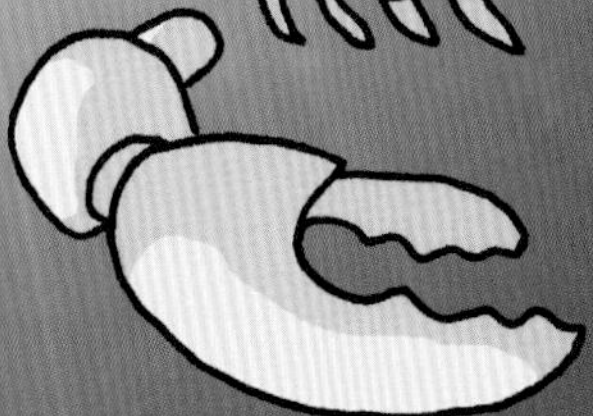

カクレガニは、貝の中にかくれてくらす小さなカニ。成長したメスは、カキやムール貝やホタテガイの殻の中に一生いるんだって……

カニは、ケンカをしてハサミを失っても、新しいのがはえてくるんだ……

生まれかわるぞ

アートっぽくいこう

「世界のロブスターの首都」として知られるカナダの小さな町シェディアックに行くと、全長11m の巨大なロブスター像が出迎えてくれる……

紙でできた1600頭のパンダが
世界の都市にあらわれた。
2008年にフランスの芸術家が、
残された野生のパンダの数だけ
作って展示したんだって

アメリカのテキサス州にある
ヒューストン動物園では、レッサーパンダやサイ、
チーターが描いた絵を買うことができる……

第二次世界大戦のとき、ポーランド軍で
輸送を支えたヒグマの兵士ヴォイテクは、
イギリスのエジンバラに
銅像がある……

スーパーヒーローはこっち

飼い主の命を救った
オーストラリアにすむ
トラ猫のサリー。
火事が起きたとき、
寝ている飼い主に
とびのって
大声で鳴いて、
飼い主を
起こしたんだって……

ラブラドールレトリバー犬のフリーダは、
メキシコ地震のあと、がれきに埋まった
人たちを見つけて救った

第一次世界大戦のあいだ、
光るミミズのような

グローワーム

を兵士たちはビンの中に集め、
その光で、夜、地図などを
見ていた

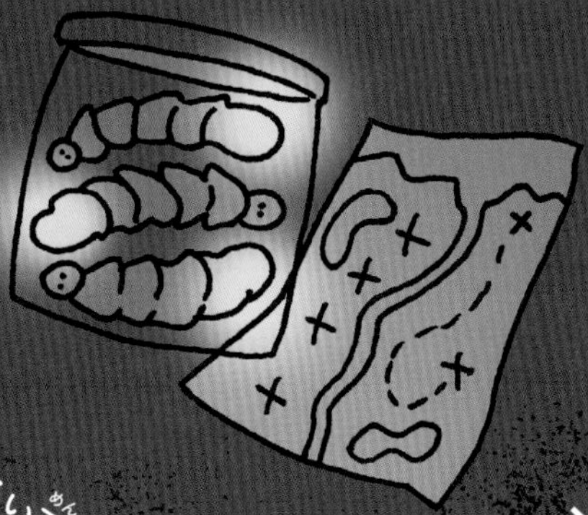

明るい面をみよう

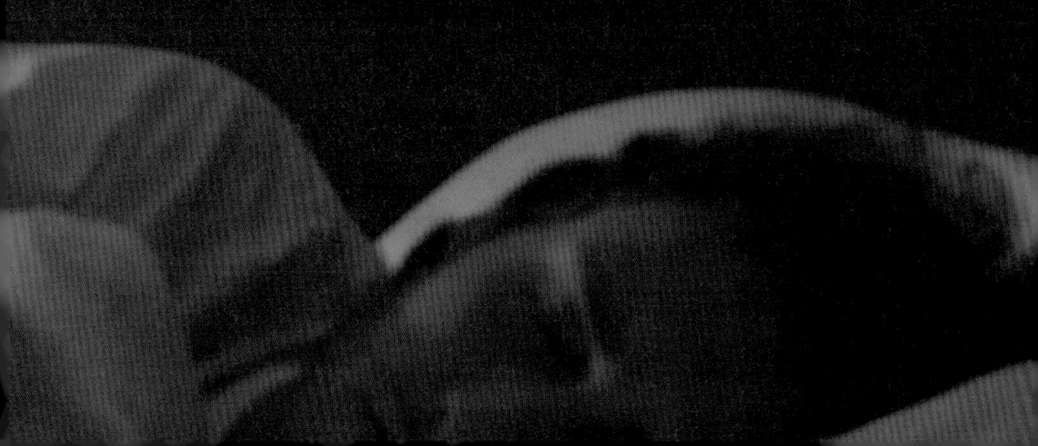

ホタルは光るとき、そばにいるものどうしで同時に光る場合がある。
目的は、なかまを見つけやすくすることと考えられている。

オオシャコガイは巨大な二枚貝。青く輝いて体内にすむ藻のなかまが光合成するのを助ける。

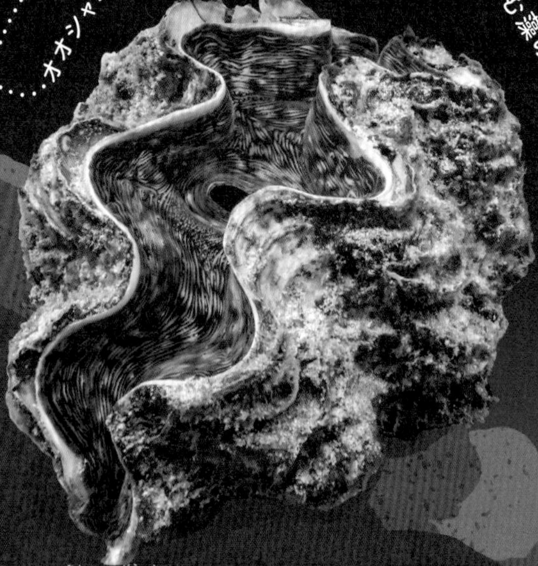

88ページへ

ここにかくれよう

南米には、緑色に光るゴキブリがいる。毒をもつ昆虫に見せかけて、敵をだますわけだ……

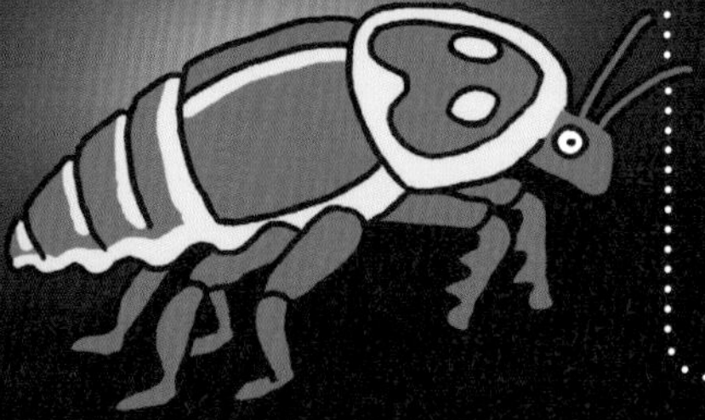

気味悪くはいまわるぞ〜

ハワイにすむダンゴイカは、月明かりに似た光をからだから出して、自分を見えなくするんだって……

敵に襲われると、クモヒトデは光る腕を切り捨てる。

そして、敵がその腕を追っているあいだに、逃げてしまう……

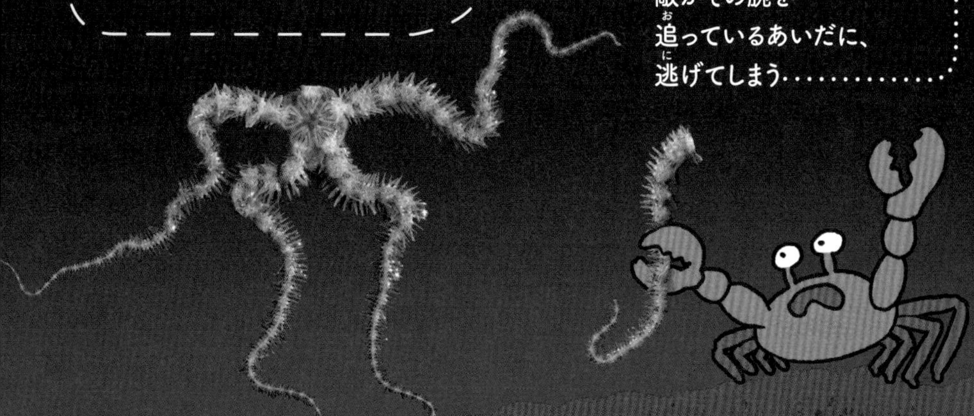

世界最大のカミキリムシ、
タイタンオオウスバカミキリは、強いアゴで

バキッと

えんぴつさえ真っ二つ！

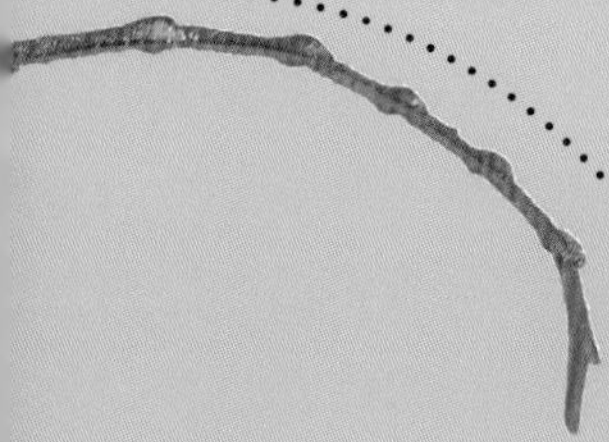

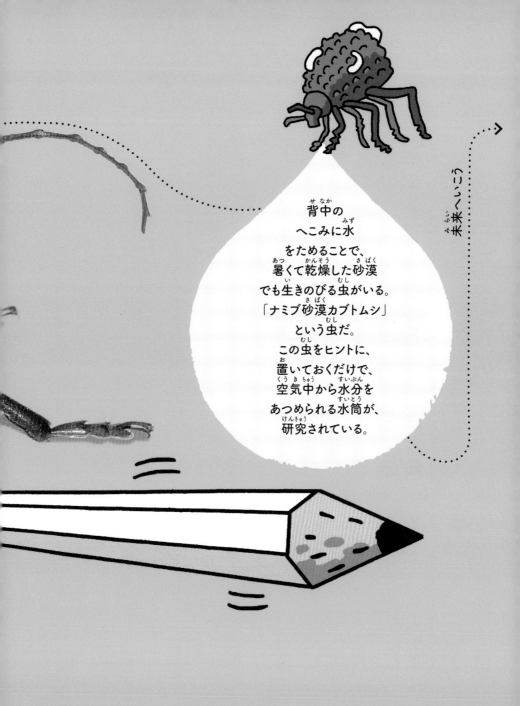

背中の
へこみに水
をためることで、
暑くて乾燥した砂漠
でも生きのびる虫がいる。
「ナミブ砂漠カブトムシ」
という虫だ。
この虫をヒントに、
置いておくだけで、
空気中から水分を
あつめられる水筒が、
研究されている。

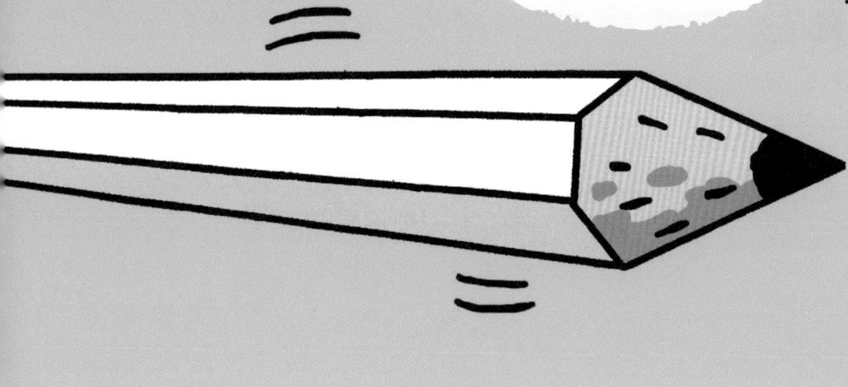

科学者たちは、ラッコやビーバーの毛の生え方をまねして、水中でもあたたかい毛皮のようなウェットスーツを開発中だ

もふもふの毛!

96ページへ

科学者たちは、ゾウの鼻をヒントに、どの方向にも曲げられて複雑な動きもできる

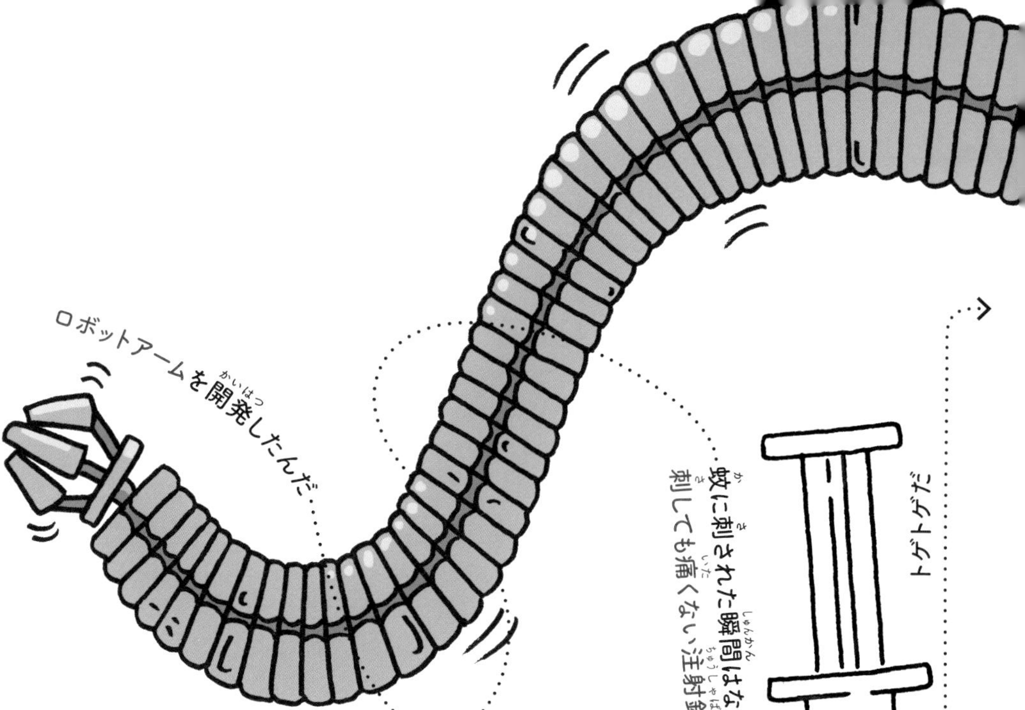

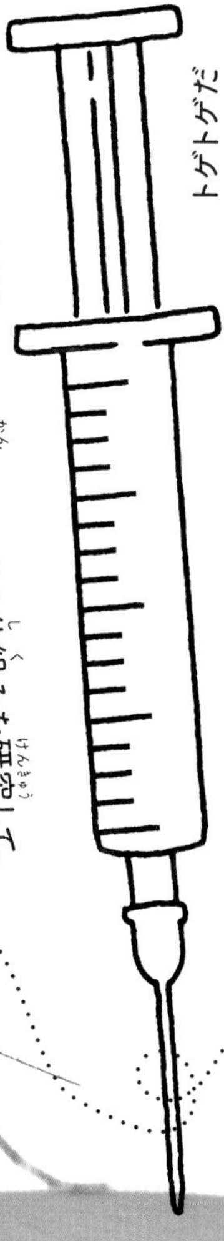

トゲトゲだ

蚊に刺された瞬間はなにも感じない。その仕組みを研究して、
刺しても痛くない注射針がつくられているんだ

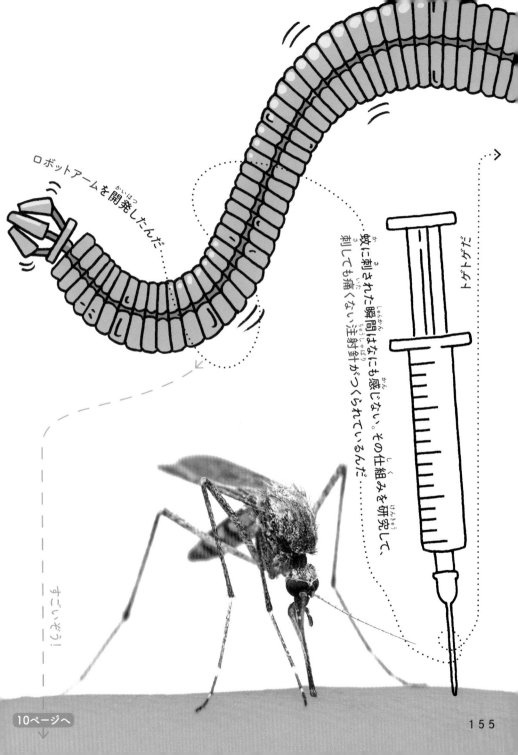

ロボットアームを開発したんだ

すごいぞう!

10ページへ

ハリネズミは、生まれたてだと針がやわらかい。
でも、1日たてば針が硬く鋭くなりはじめているのがわかる

全身に鋭い角がはえているツノトカゲ。
空気でからだを倍以上にふくらませると、
この角が飛び出し、敵を遠ざけられるんだって！

トカゲはこっち～

背中に針のような毛がはえたヤマアラシ。
敵が近づくと毛を逆立てて音をだし、遠ざけるんだ

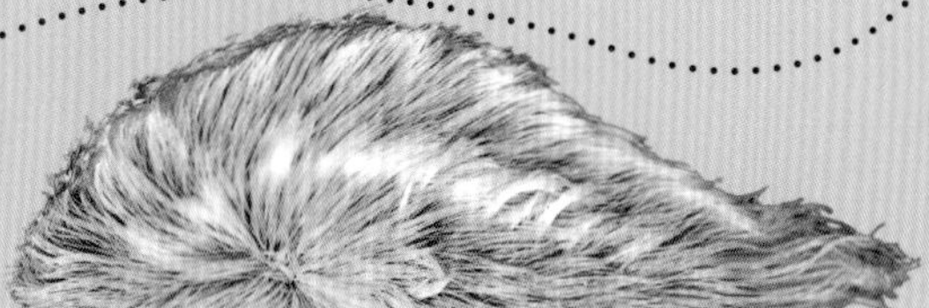

ふさふさの毛虫プス・キャタピラーは、蛾の幼虫。
毛は毒針で、猛毒が入っていって危険！

サボテンフクロウは、
世界でいちばん
小さいフクロウ。
砂漠のトゲトゲした
サボテンの穴に
巣をつくるんだ

もう少しやわらかいやつ

世界でいちばん毛が長いウサギに認定されたのは、フランチェスカという名前のウサギ。イングリッシュ・アンゴラ品種で、毛の長さは36cm強！

ホッキョクギツネは冬のあいだ、もふもふしたしっぽを体にまきつけて暖かく過ごすんだ

アルパカはラクダのなかま。刈りとった毛は、やわらかくて燃えにくいんだ

94ページへ

さっぱりしよう

リスは飛び降りるとき、ゆっくりやわらかく着地するために、

ふさふさのしっぽ

をパラシュートのように広げる。

もっとげっ歯類

南米にすむネズミの仲間チンチラ。
ぶあつい毛皮をきれいにしておくために、
火山灰の「おふろ」に入るんだ。

朝、
カピバラは
自分のウンチを食べる

ニューヨークにすむ、あるネズミにあだ名がついた。その名も、

ピザラット

ピザのスライスをくわえて地下鉄の階段を下りるところを
動画撮影されたのがきっかけだった

地下をちょろちょろ走ろう

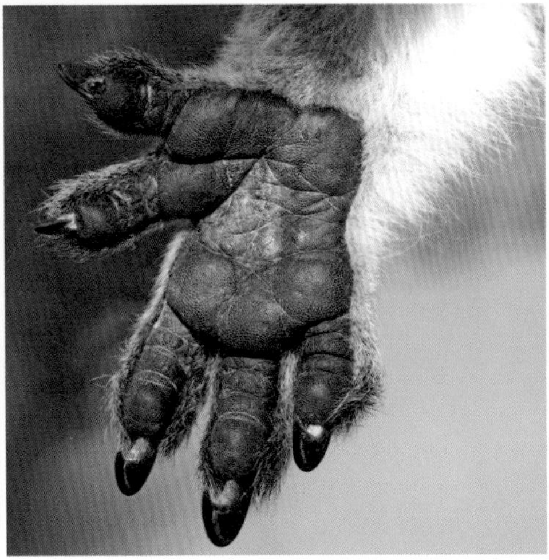

ヒトのように、指紋がそれぞれ違う動物もいる。ゴリラやチンパンジー、そしてコアラもそうだ。

コアラは木に抱きついてからだを冷やす。

オオカミは群れごとに遠吠えが違う。

2頭のヤギが、ニューヨークの地下鉄の線路内をウロウロ。おかげで乗客は1時間以上も待たされたらしい。

トガリネズミは、1時間ごとに食べていないと、やがて死んでしまう。

トウブシシバナヘビは、死んだふりが得意。敵におそわれると、死んだふりをしてつつかれても動かない。

ビーバーは、1年で平均300本もの木をかじり倒す。

泳いで川を下ろう

ハイエナは、巣の近くでゲロを吐く。群れのメンバーは、そのうえでゴロゴロしてからだにこすりつける。

ラクダが吐きだすツバは、ほとんどゲロなんだってさ。

ガラパゴスベニイワガニは、敵におそわれると、水をペッと吐きだすんだって。

カナダカワウソは、身の危険を感じると
2.4km先まで聞こえる金切り声を上げるんだって……

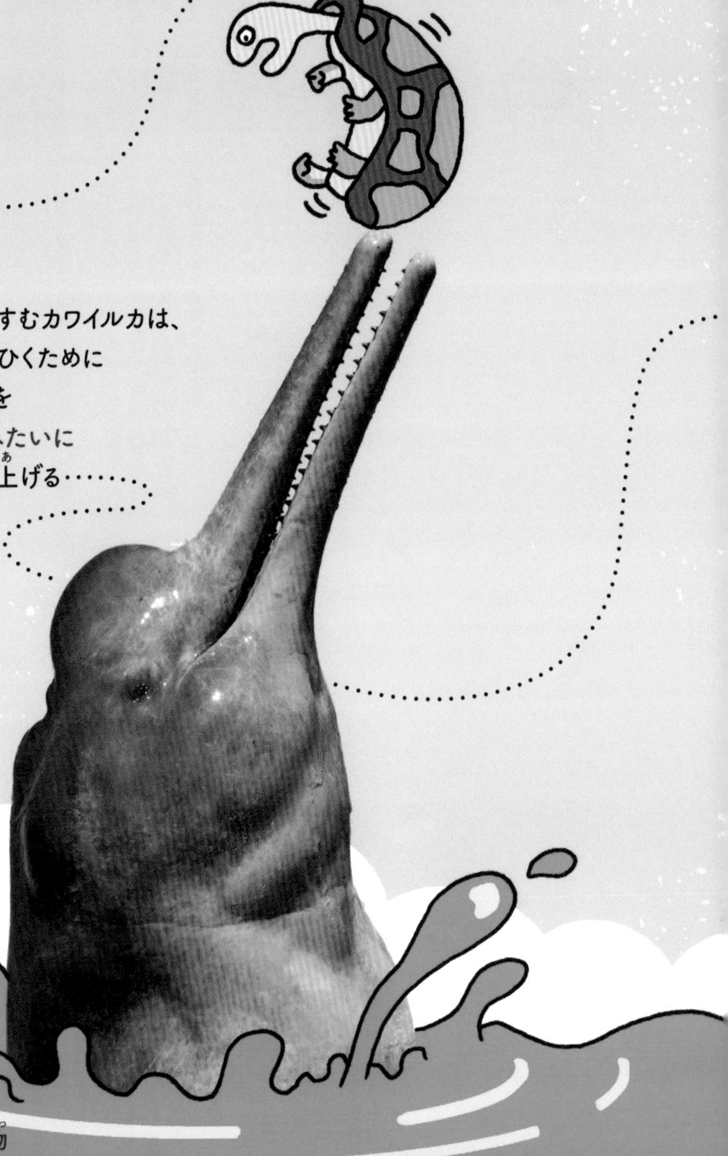

アマゾンにすむカワイルカは、
メスの気をひくために
生きたカメを
トロフィーみたいに
高々と持ち上げる……

南米の川にすむ
ピラニア・ナッテリーは、
じぶんより大きい魚のしっぽを
かみちぎって食べる

カバは昼間ほとんど
水の中にいるから、
古代ギリシア人は
「イポポタモス（川のウマ）」
と名づけた（日本語でも
カバは漢字で「河馬」）。

イリエワニは、海にも川にもすむことができるワニ。
海では同じ獲物をサメと一緒にあさることもあるんだ

波が打ち寄せるぞ

タカラガイの貝殻は、
古代中国などでお金
として使われていた

南アフリカに
すんでいる
ケープペンギンは、
鳥のフンが
つもった場所に
巣穴を掘ることがある

ウミガメの性別は、
メスがたまごを産んだ
砂浜の温度で
決まるんだって！

カメばかむほどおいしい

セイブニシキガメは4か月ものあいだ、息を止めていることができる

息ぐるしい？

ヘネガヤ・サルミンコーラは、サケのからだにすむクラゲみたいな寄生虫。酸素を必要としない唯一の動物なんだって

蚊の幼虫（ボウフラ）は、水の中で育つ。
水面にシュノーケルみたいな管を出して息をするんだ

セイウチの首のまわりには、「気のう」と呼ばれる空気でふくらむ浮き輪みたいな部分があるから、水中でも沈みにくい

ウマは鼻だけで呼吸する。
ほ乳類のなかで、鼻でも口でも呼吸できるのはヒトだけなんだ……

また生やそう……

「ウーパールーパー」という別名で知られるメキシコサンショウウオは、しっぽや足を失っても再生できるし、肺などの内臓も再生できる

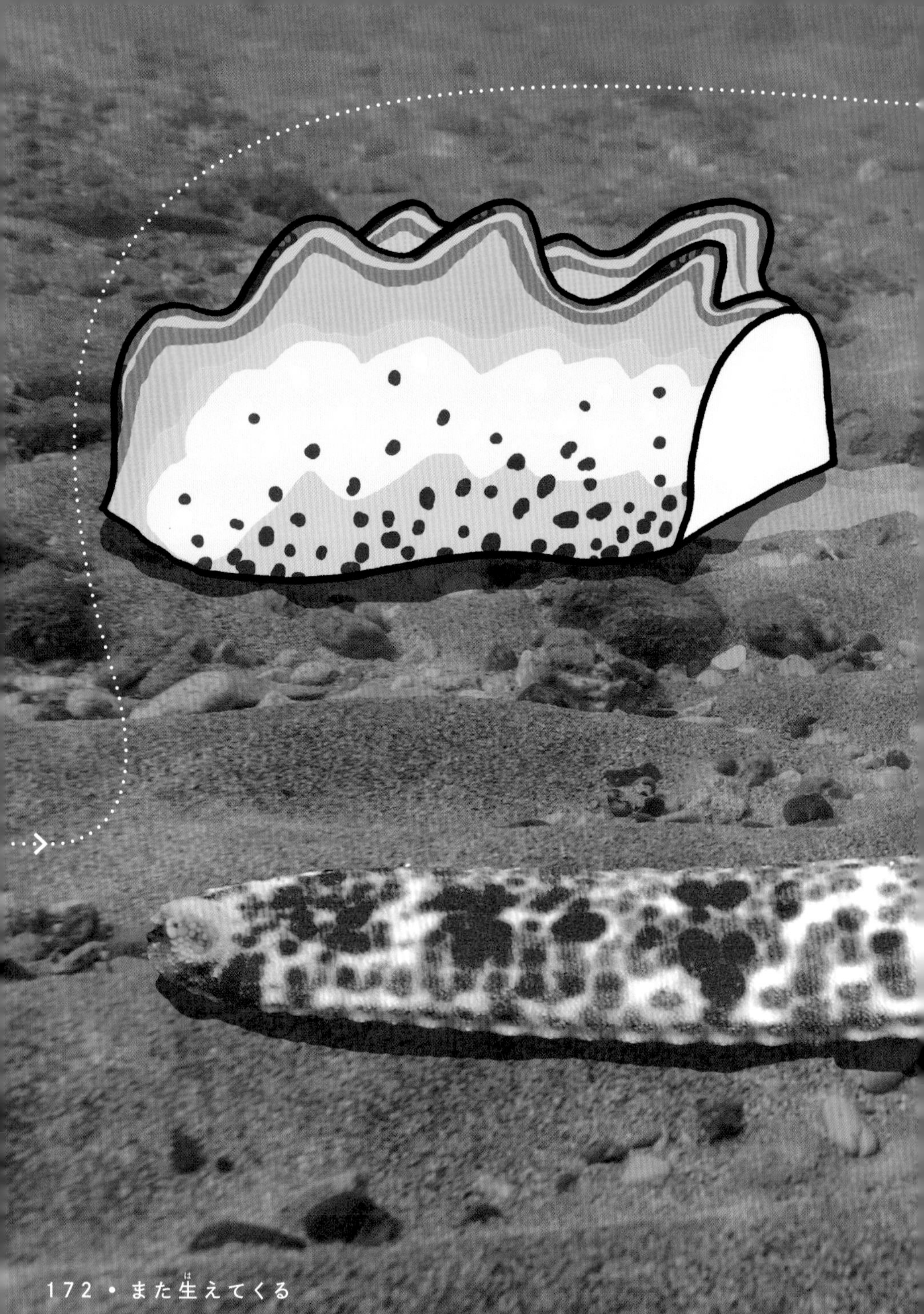

海のナメクジとも呼ばれるウミウシ。寄生虫に感染したとき、寄生されたからだを自分で切り捨てて頭部だけ残し、その頭部から新たな全身を再生させるウミウシもいる！

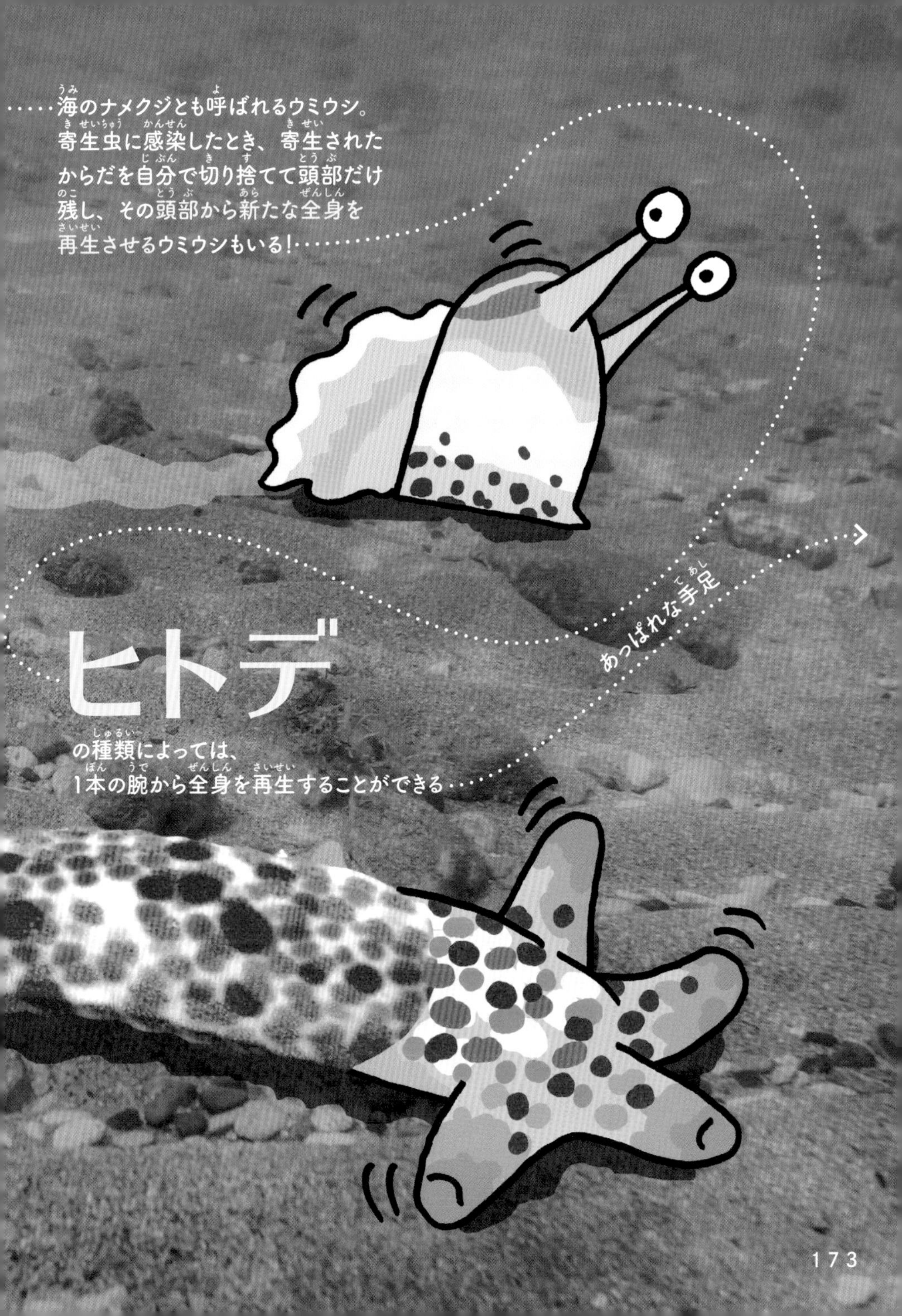

ヒトデ

の種類によっては、1本の腕から全身を再生することができるネコは座った姿勢から体高の9倍の高さまで、ジャンプすることができる。

世界でいちばん背が高いイヌは、ゼウスという名前のグレート・デーン。すべての足を地面につけて立った状態で、高さが中くらいのペンギン2羽分ある。

チーターの背骨の柔軟性は、ネコ科動物のなかでナンバーワン。たった一歩で、小型トラック1台分ほどの長さを進むことができる。

ヒトデに似ているけれど、ヒトデとは違うクモヒトデ。腕は柔軟で長さがテニスラケットくらいある。

タツノオトシゴはしっぽを海草に巻きつけることで、はげしい海流に流されないようにしている。

アフリカのライオンの母親は、サバンナの背の高い草のなかでも子ライオンに見えるよう、ふさふさのしっぽを旗みたいに立てるらしい。

しっぽをシートベルトみたいに使うのは、クモザルの赤ちゃん。木から木へ移動する母親から落ちないように、ぐるぐるに巻きつけるんだ。

南米ベネズエラのオマキザルは、虫よけの薬としてヤスデを使う。ヤスデには、蚊などを近づけない特殊な化学物質があって、それを毛にこすりつけているんだ。

フンボルトペンギンは、
じぶんのウンチを1.2m以上
飛ばすことができる。

1匹のナマコが1年にするウンチは、
14kgにもなる。それだけのウンチが
落ちてくることで、サンゴ礁の美しさと
健康は保たれている。

いたずら好きの
オーストラリア人は、
ふざけて「凶暴なコアラが
落ちてくるぞ、上から」と
言って旅行者をおどかす
ことがよくあるみたい。

ガラパゴス諸島
のなかで、
いちばん大きい
島はイサベラ島。
上から見ると、
タツノオトシゴ
にそっくり！

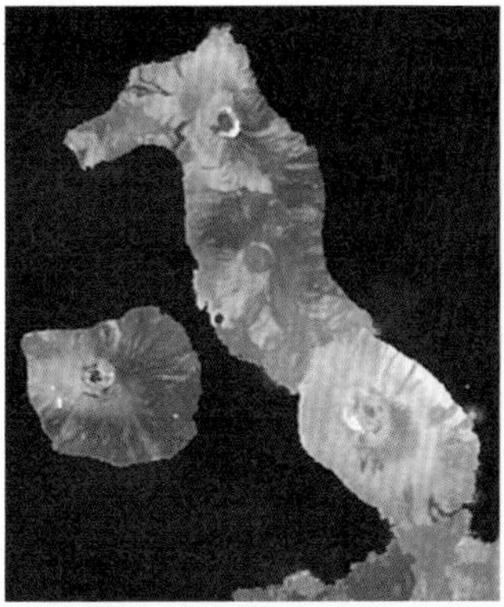

スゴイやつ

アメリカのカリフォルニア州・サンディエゴ動物園
にいたオスのオランウータンのケン・アレンは、
柵のネジを外して外に出て、夜の園内を歩きまわり、
飼育員に気づかれるまえに柵の中にもどったことで
知られる。

ヤスデのなかには、
攻撃されたときに
焼いたアーモンド
のようなにおいの
する化学物質を
出すものもいる。

果物のドリアンは、タマネギやソックスの
においがすると言って嫌う人も多いけれど、
オランウータンの大好物のひとつなんだ。

ミツバチは訓練すれば、かんたんな足し算と引き算ができる

ニューカレドニアにすむカラスは頭がいい。

16ページへ

鳥たちはこっち〜

枝のさきを曲げて虫を引っかけるんだ

ホリネズミは巣穴をほるときに、石をつかって土をかきだすらしい

このさき工事中

巣をつくるとき、材料にヘビの皮を使う鳥もいる

ホッキョクギツネは、
巣穴のまわりに
色あざやかな庭を育てる。
キツネのオシッコや
ウンチがツンドラ地帯の
大地の栄養になるんだ……

カマドドリという鳥の名前は、巣のかたちがパンを焼く
古いかまどに似ていることからついたんだって……

アシナガバチは木や植物のかけらを集めて口のなかでかみ、どろどろにしたものを口から出し、それをのばして巣をつくっていく。乾燥すると和紙でつくったような巣ができるんだ

もっとネバネバ

プレーリードッグの巣穴は、いくつもの専用部屋にわかれていて、なんと子ども部屋やトイレまであるんだ！

ハリネズミは、知らないにおいのするものがあると舌でなめ、口からツバを泡のようにして出し、じぶんのからだにぬりつけることがある

ナメクジやカタツムリが
通ったあとが
ぬれているのは、
ネバネバした
粘液で

なかまに連絡
しているから。
ちょっと聞いて

メガネザルは、
世界でいちばん
小さい霊長類。
敵やヒトには
聞こえない
キーッという
かん高い声で、
なかまと会話して
いるんだって……

ココという名前のゴリラは、

1000の言葉

を手話で覚えたと言われている……

イヌやネコがヒトと会話できるようにするために、足でボタンを押すと「水」「さんぽ」などの音声が流れる装置が研究されている……

カッコイイ足

野生のほ乳動物の足あとをパグマークという

ネコ科のウンピョウは木登り名人。足のつめを木の枝に

引っかけて逆さにぶら下がる……しっかりしがみついて

若いカブトガニは

逆さになって泳ぐ

サカサクラゲはまるで植物みたい。
カサを海底側にして逆さになって、
太陽に向けた触手で水中を漂流する
プランクトンをつかまえるんだ

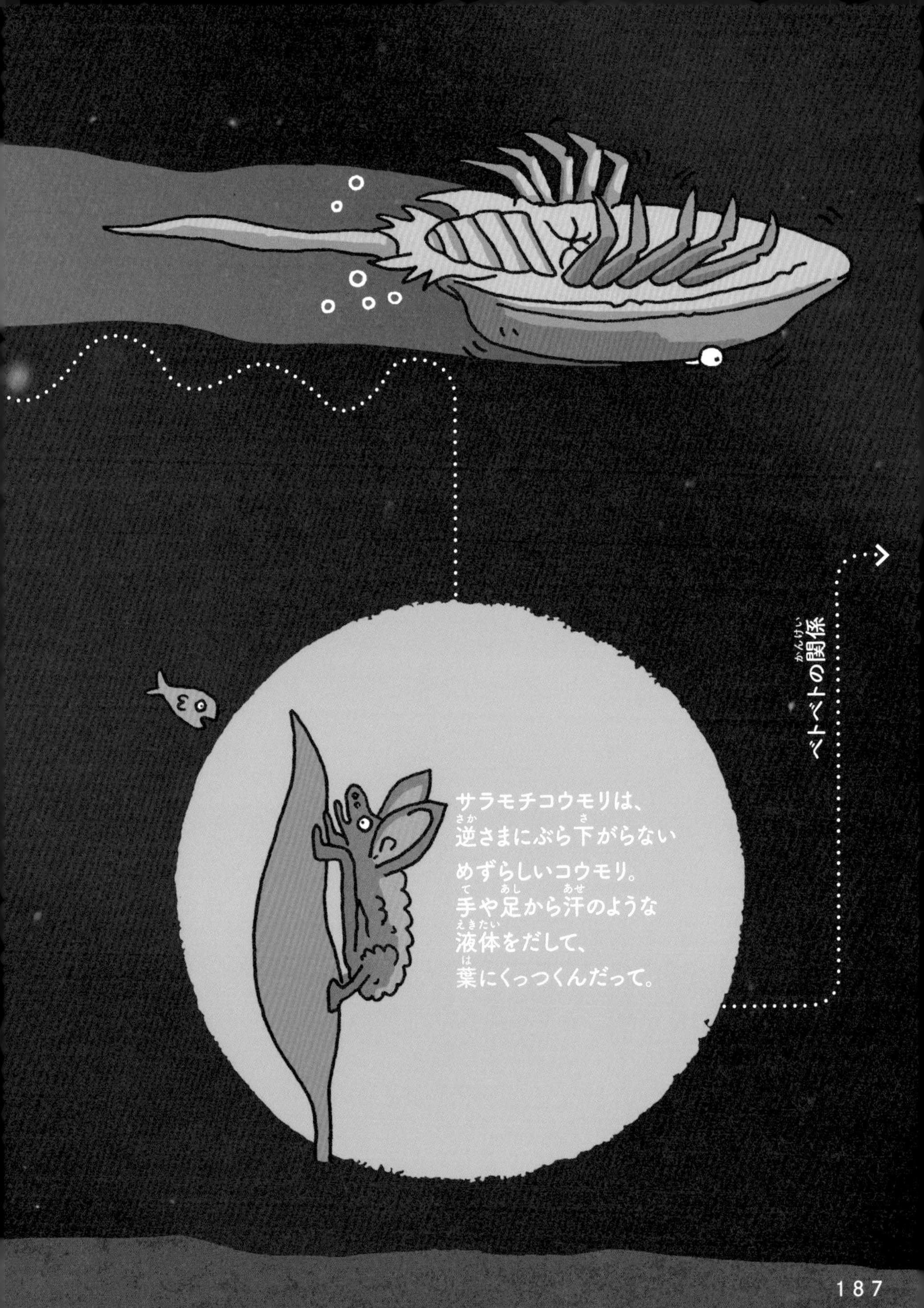
サラモチコウモリは、
逆さまにぶら下がらない
めずらしいコウモリ。
手や足から汗のような
液体をだして、
葉にくっつくんだって。

こっちにピョン！

カエルのベロ

はベトベトしていない。ベトベトしているのは唾液！
カエルの唾液がハエなどの獲物にふれると、うすい液体
になって獲物のうえに広がり、すぐにそれが濃くなって
カエルが獲物をとらえるのを助けるんだ……

ここに赤ちゃん
ソバージュネコメガエルは、太陽の下でも乾燥しないように、ワックスのような物質をだして全身にこすりつけ、乾燥から身をまもる…
ツノフクロアマガエルの背中には、カンガルーのような袋がある。たまごはその中で育ち、子ガエルになると出てくる……
熱帯雨林にすむイチゴヤドクガエル。ブルージーンズのような色をした足以外は、全身が真っ赤！……

マルメタピオカガエルは敵をおどすとき、「ギエェェェェェ」と

絶叫する

もっと大きな声!

カエルは、川に垂れさがる葉っぱの裏にたまごを産むことがある。こうしておくことで、ふ化したときオタマジャクシは、水中にポトポト落ちていく

熱帯雨林を探検!
64ページへ

アメリカオオコノハズクというフクロウは、子どもに寄生虫を寄生させないために、おもしろい方法をとる。なんと、小さなヘビなどをつかまえて巣に連れてきて、子どもに寄生するかもしれない寄生虫を食べさせてしまうんだ。

ハダカデバネズミは、一匹の女王が支配する社会でくらしている。女王の子どもを働きネズミが育て、女王のフンまで働きネズミは食べるんだって！

アリには耳がない。足で振動を感じ取って、音を聞いているんだ。

キリンの足と首は、ほとんど同じ長さだ。

マダガスカルにすむ甲虫のキリンクビナガオトシブミは、長い首をクレーンのように使って葉っぱを巻き、たまごのゆりかごをつくる。

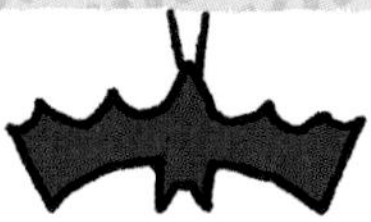

動物のフンが爆弾の原料として使われていた時代がある。アメリカの南北戦争中、テキサス州のブラッケン洞窟ではコウモリのフンが採集された。

ブラッケン洞窟では、夏になると1平方メートルあたり5000匹以上ものコウモリの赤ちゃんが、ひしめきあって生活をする。

夏のあいだ、3000羽のジェンツーペンギンの群れが、世界最南端の郵便局である南極のペンギン郵便局の外に住み着く。

南極大陸は、在来種のアリがいない唯一の大陸なんだ。

タガメはカメムシの一種。メスがたまごを産むと、オスはそれを背中にのせて、たまごがかえるまで守るんだ。

ダーウィンガエルのお父さんは、
2か月にわたって
オタマジャクシを口のなかで育て、
子ガエルになると
口から吐き出す

ダチョウのお母さんと
お父さんは、交代で
たまごを温める。オスは
羽が黒く敵にねらわれ
にくいので、お父さん
は夜の当番になる

タツノオトシゴの稚魚は、お父さんのからだから生まれる!

暗くなってきた～

22ページへ

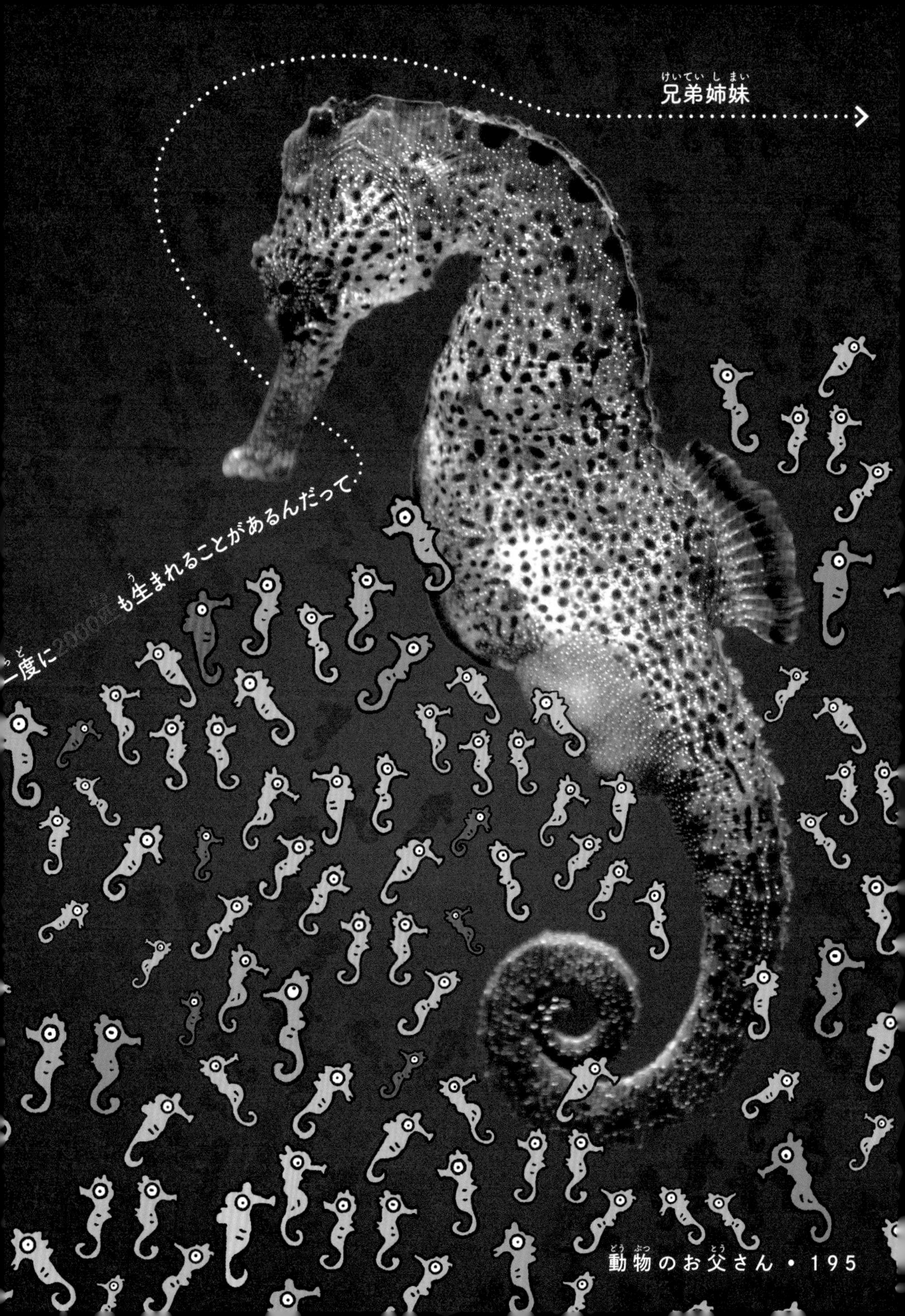
兄弟姉妹
一度に2000匹も生まれることがあるんだって

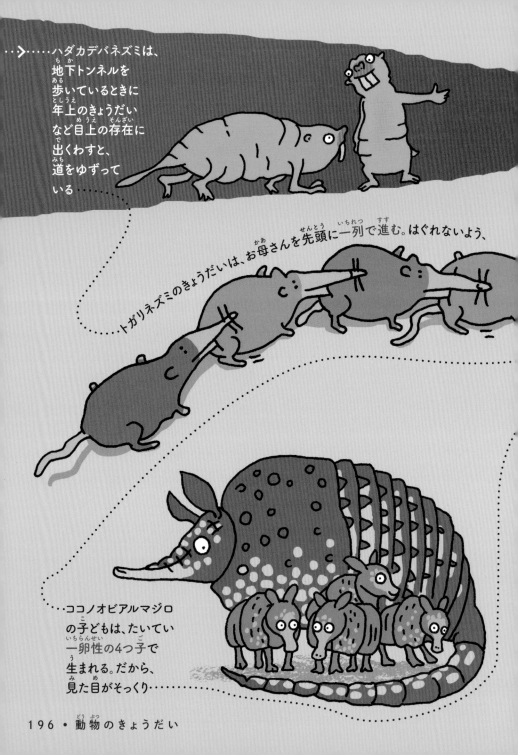

ハダカデバネズミは、地下トンネルを歩いているときに年上のきょうだいなど目上の存在に出くわすと、道をゆずっている

トガリネズミのきょうだいは、お母さんを先頭に一列で進む。はぐれないよう、

ココノオビアルマジロの子どもは、たいてい一卵性の4つ子で生まれる。だから、見た目がそっくり

前にかみついて離さない

成長は早い!

シロワニというサメは、
お母さんのお腹のなかで
成長するとき、
きょうだいを共食いする。
残った1匹だけが生まれて
くるんだって!……

チーターはひとり立ち
できるようになると、
オスの兄弟だけで
「コアリション」と
呼ばれる群れをつくる……

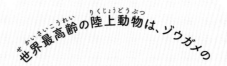

世界最高齢の陸上動物は、ゾウガメの

ジョナサン。

なんと、ガソリン自動車が
発明されるまえに
生まれた!

さくいん

あ

た

ま

や

ら

わ

探検隊の人たち

文　ジュリー・ビア（Julie Beer）

作家、編集者。アメリカのカリフォルニア州を拠点に活動している。「ナショナル・ジオグラフィック・キッズ」のために、国立公園から宇宙そして大好きな動物まで、数多くの本を執筆。この本をつくるために調べものをしたとき、ラッコについて紹介しなければと思ったとのこと。お気に入りの事実は「ラッコは、わきの下のたるみに、貝などを割るための石を入れている」。

絵　アンディ・スミス（Andy Smith）

受賞歴のあるイラストレーター。イギリスのロンドンにあるロイヤル・カレッジ・オブ・アートを卒業。見て楽しい手作り感のある作品を描く。この本は、真っ赤な口の魚から暑さでのぼせたカメレオンまで、おどろきの連続だったとのこと。お気に入りは、ニューヨークのタイムズスクエアでスケートボードするブルドックのティルマンくん。絵の具のついたパレットみたいなナンヨウハギも好き。タイタンオオウスバカミキリに鉛筆を折られないかが心配。

デザイン
ローレンス・モートン（Lawrence Morton）

アートディレクター、デザイナー。ロンドンを拠点に活動している。これまで世界有数のファッション雑誌を手がけてきたけれど、この本ほど楽しいものないとのこと。自分自身が左利きなので、オスのネコに左利きが多いことにおどろいた。お気に入りの事実は「ガラパゴス諸島のイサベラ島は、タツノオトシゴにそっくり」。

訳　谷岡美佐子（たにおか・みさこ）

翻訳者。南アフリカとカナダで小中学生時代を過ごす。慶應義塾大学法学部卒業。TBS 系『どうぶつ奇想天外!』などの番組制作に携わったのち出版社勤務を経て独立。訳書に『初級者からのニュース・リスニング CNN Student News』（朝日出版社）がある。ネコ好き。

資料

科学者や専門家はつねに動物に関する新事実を発見し、情報を更新しています。そのため、本書の制作チームは、本書に掲載されたすべてのことがらが、信頼できる複数の情報源に基づき、ブリタニカのファクトチェックチームによって検証されたことを確認しています。参照した主要ウェブサイトは次のとおりです。

報道機関

askabiologist.asu.edu
bbc.com
cbc.ca
cnn.com
kids.nationalgeographic.com
nationalgeographic.com
nationalgeographic.org
newscientist.com
npr.org
nytimes.com
pbs.org
sciencedaily.com
sciencemag.org
scientificamerican.com
smithsonianmag.com
slate.com
time.com
washingtonpost.com
wired.com

政府、科学、学術機関

academic.eb.com
allaboutbirds.org
animaldiversity.org
audubon.org
awf.org
batcon.org
britannica.com
fws.gov
galapagosconservation.org.uk
iucn.org
jstor.org
loc.gov
marinemammalcenter.org
merriam-webster.com
nature.com
ncbi.nlm.nih.gov
nps.gov
oceanconservancy.org
oceanservice.noaa.gov
penguinsinternational.org
pnas.org
royalsocietypublishing.org
sciencedirect.com
spaceplace.nasa.gov

博物館、動物園

amnh.org
animals.sandiegozoo.org
floridamuseum.ufl.edu
kids.sandiegozoo.org
nationalzoo.si.edu
nhm.ac.uk
seaworld.org
si.edu

その他

akc.org
atlasobscura.com
guinnessworldrecords.com
nwf.org
panthera.org
space.com
worldwildlife.org
wwf.org.uk

画像クレジット

写真とイラストの転載を許可してくださった次の方々に感謝いたします。クレジット表記には万全を期しておりますが、誤りや漏れなどがあった場合にはお詫び申し上げ、増刷時に必要な訂正をさせていただきます。

カバー写真：ペンギン Alexey Seafarer/Shutterstock; カメレオン PetlinDmitry/Shutterstock

6 中央 Dirk Ercken/Shutterstock; 6 下 Lillian Tveit/Dreamstime; 8 Barbara Ash/Alamy; 11 SeDm/Shutterstock; 12 meunierd/Shutterstock; 17 Mike_shots/Shutterstock; 19 Annette Shaff/Shutterstock; 20 Oliver Thompson-Holmes/Alamy; 21 BIOSPHOTO/Alamy; 23 Abhishek Sah Photography/Shutterstock; 24-25 Lillian Tveit/Dreamstime; 27 Horst Bierau/Moment Open/Getty Images; 28-29 Marisa Estivill/Shutterstock; 30-31 Albert Beukhof/Shutterstock; 32-33 Mike Pellinni/Shutterstock; 35 BIOSPHOTO/Alamy; 36 Hany Rizk/EyeEm/Getty Images; 37 Elena Veselova/Dreamstime; 38-39 D. Parer and E. Parer-Cook/Minden Pictures; 41 PetlinDmitry/Shutterstock; 42 takmat71/Shutterstock; 43 Eric Isselee/Shutterstock; 44 Trent Townsend/Shutterstock; 45 Sarah2/Shutterstock; 46 Kuttelvaserova Stuchelova/Shutterstock; 47 Blazej Lyjak/Shutterstock; 50-51 Marko Steffensen/Alamy; 52-53 Sasha Samardzija/Shutterstock; 54-55 Slavianin/Shutterstock; 56-57 Martin Pelanek/Shutterstock; 57 尾 Valentyna Chukhlyebova/Shutterstock; 58-59 上 ipolsone/Shutterstock; 59 中央 Petr Ganaj/Shutterstock; 60 Aleksandar Dickov/Dreamstime; 61 Laura Romin/Alamy; 62-63 Pics516/Dreamstime; 64 BIOSPHOTO/Alamy; 67 Kirsten Wahlquist/Shutterstock; 69 Sibmens/Dreamstime; 70 Kerry Hill/Dreamstime; 72 3Dstock/Shutterstock; 73 Luna Vandoorne/Shutterstock; 74-75 Dave Watts/Alamy; 76 iacomino FRiMAGES/Shutterstock; 77 Nikolai Sorokin/Dreamstime; 78-79 上 Fotoeye75/Dreamstime; 79 左 effe45/Shutterstock; 79 右 Kazakovmaksim/Dreamstime; 80-81 Joe Sohm/Dreamstime; 83 左 Andrey_Kuzmin/Shutterstock; 83 右 Sonsedska Yuliia/Shutterstock; 85 B. Saxton, (NRAO/AUI/NSF from data provided by M. Goss, et al.; 86-87 上 IP Galanternik D.U./iStockphoto/Getty Images; 87 Alexey Seafarer/Shutterstock; 88-89 Rich Carey/Shutterstock; 90 Volodymyr Burdiak/Shutterstock; 91 Nerssesyan/Shutterstock; 94 Sergey Uryadnikov/Shutterstock; 95 Jesse Nguyen/Shutterstock; 96 Eric Isselee/Shutterstock; 98 上 monticello/Shutterstock; 98 下 evaurban/Shutterstock; 99 Cubanito/Dreamstime; 100-101 yevgeniy11/Shutterstock; 103 Antonella865/Dreamstime; 105 Dr Neil Overy/Science Photo Library RF/Getty Images; 106-107 Russ Heinl/Shutterstock; 108 Lightfieldstudiosprod/Dreamstime; 109 Somrerk Witthayanant/Shutterstock; 110 Realstock/Shutterstock; 111 上 Deyangeorgiev/Dreamstime; 111 下 Volodymyr Byrdyak/Dreamstime; 112-113 Digital Storm/Shutterstock; 114-115 Astrid Gast/Shutterstock; 116 Erni/Shutterstock; 117 Vidas/Shutterstock; 119 Steve Adams/iStockphoto/Getty Images; 120 中央 TangoFoxtrot2018/Shutterstock; 120 下 Steven J. Kazlowski/Alamy; 121 Oktay Ortakcioglu/MediaProduction/E+/Getty Images; 123 Eric Isselee/Shutterstock; 125 Ken Backer/Dreamstime; 126 Dotted Yeti/Shutterstock; 128 Aleksandra Stepanova/Dreamstime; 129 Andersastphoto/Dreamstime; 130-131 Austin Paz/iStockphoto/Getty Images; 133 上 Tamil Selvam/Shutterstock; 133 下 Shmelly50/Shutterstock; 134-135 Norbert Probst/imageBROKER RF/Getty Images; 136 上 Martin Mecnarowski/Shutterstock; 136-137 JovanaMilanko/iStockphoto/Getty Images; 138 blickwinkel/Alamy; 139 Eric Isselee/Shutterstock; 140-141 buddeewiangngorn/123RF; 143 Steve Byland/Shutterstock; 144 back Damsea/Shutterstock; 144 下 Kisneborosmaria/Dreamstime; 145 上左 Muellek Josef/Shutterstock; 145 上背景 Rich Carey/Shutterstock; 145 下 incamerastock/Alamy; 146 Artitwpd/Dreamstime; 147 Konrad Zelazowski/Alamy; 148 ドア Aliaksey Dobrolinski/Shutterstock; 148-149 New Africa/Shutterstock; 150 kai egan/Shutterstock; 151 davemhuntphotography/Shutterstock; 152 massdon/Shutterstock; 154 Jason Prince/iStockphoto/Getty Images; 155 nechaevkon/Shutterstock; 156 Brett Hondow/Shutterstock; 157 Larry N Young/iStockphoto/Getty Images; 158 karinabaumgart/123RF; 159 V_E/Shutterstock; 160-161 M_a_y_a/E+_Getty Images; 162 kojoty/123RF; 163 LouieLea/Shutterstock; 164 Coulanges/Shutterstock; 166-167 Iciar Cano Fondevila/Dreamstime; 168-169 scubaluna/iStockphoto/Getty Images; 170 Ondrej Prosicky/Shutterstock; 171 Debra Boast/Dreamstime; 172-173 cbimages/Alamy; 172-173 背景 Lubo Ivanko/Shutterstock; 175 Jacques Descloitres, MODIS LRRT/NASA/GSFC; 176 Daniel Prudek/Shutterstock; 177 Matt Knoth/Shutterstock; 178 上 Martin Bech/Shutterstock; 178 下 Luciana Tancredo/Shutterstock; 180-181 Bruno Pacha/Shutterstock; 182-183 sabine_lj/Shutterstock; 184 Huseyin Faik/Alamy; 186 Laura Dts/Shutterstock; 188-189 Kurit afshen/Shutterstock; 190 Dirk Ercken/Shutterstock; 192 Dennis van de Water/Shutterstock; 195 Azahara Perez/Shutterstock; 197 surbs279/iStockphoto/Getty Images; 198 Morphart Creation/Shutterstock

BRITANNICA
BOOKS

Britannica Books is an imprint of What on Earth Publishing,
published in collaboration with Britannica, Inc.

First published in the United Kingdom in 2023

Trademark notices on page 204. Picture credits on page 207.

Japanese translation rights arranged with
THE RIGHTS SOLUTION LTD
through Japan UNI Agency, Inc., Tokyo

BRITANNICA BOOKS
世界おどろき探検隊！　動物編
おとなも知らない400のワイルドな事実を追え！

2024年7月10日　初版第1刷発行

著　者　ジュリー・ビアー（文）、アンディ・スミス（絵）
訳　者　谷岡美佐子
日本語版装幀　渡邉民人（TYPEFACE）
日本語版本文デザイン・DTP　谷関笑子（TYPEFACE）

発行人　淺井亨
発行所　株式会社実務教育出版
〒163-8671　東京都新宿区新宿1-1-12
電話　03-3355-1812（編集）
電話　03-3355-1951（販売）
振替　00160-0-78270
印刷・製本　図書印刷株式会社

ISBN978-4-7889-0935-9　C8040
定価はカバーに表示してあります。
乱丁・落丁本は小社にておとりかえいたします。